建設技術者を目指す人のための防災工学

安田　進
石川　敬祐　共著

コロナ社

まえがき

　本書は，建設技術者を目指す大学生の方々が，防災工学を学ぶにあたって必要な災害に関する基礎的な知識から災害の予測・対策方法まで順を追って述べたものである。また，その中で各種の災害事例およびそれに対する復旧事例を多く示しており，自治体や民間企業の方々にも実務で参考にしていただけるようにしている。

　地震，火山，豪雨，台風と自然災害に頻繁に見舞われる日本にあって，防災工学に関する知識は建設技術者を目指す者にとって不可欠であり，それを実社会に役立たせることが大切である。ところが，防災工学に関してまとめて書かれた本はこれまでほとんど見当たらない。その理由としては，防災工学と一口に言っても地震などの自然災害から工事中の事故といった人為災害まで，災害の種類が非常に多くて網羅できないことが挙げられる。また，防災の概念を知るだけでよいのか，それとも実務に役立つ専門的な内容とすべきなのか，といった選択も書き手はしないといけない。

　そこで本書では，建設技術者を目指す方々や従事している方々を対象にし，これらの方々に大切な災害の種類を絞り，記述の内容およびレベルも概念的なものでなく実務的なものとして，以下のような特徴を持たすこととした。

（1）　災害は自然災害と人為災害とに分けられるが，自然災害を対象にし，さらに，自治体の地域防災計画などで対象にしている主要な災害の，地震災害，風水害，火山災害に絞ることとした。

（2）　各災害が発生するメカニズムを知ることが大切なので，まずその解説を行うこととした。

（3）　過去から多くの災害に見舞われてきている日本では，地震や豪雨に対して安全なように構造物を設計し建設してきた。それにもかかわらず地震や豪雨時の構造物の被害があとを絶たない。この矛盾に答えるべく，従来の設計方法で想定していた災害レベルと実際に発生した災害のレベルの違いや，従来の設計で考慮されてこなかったことを説明するようにした。

（4）　建設技術者は過去の被害事例をよく学んで，将来の災害に備えることが大切である。そこで本書では，災害の種類ごとに過去の代表的な災害事例を紹介することとした。その状況をわかりやすくするため，写真や図面を多く用いた。また，被災後につぎの災害に備えて，どのように対策を施して復旧したのかも紹介することとした。

（5） 対策にはハードな対策とソフトな対策がある。例えば，豪雨時に土石流による住宅の被害が発生しそうな地区に対し，砂防ダムを建設して土石流の発生をくい止めるハードな対策を行うか，または，土石流が発生しかけたらすぐに避難できるシステムを備えておくソフトな対策を施すかといった選択がある。両者とも検討が必要であるが，前者のほうが根本的な対策のため，本書では前者を対象とすることとした。

以上のような考えのもと，五つの章に分けて説明していく。まず，1章では，耐震設計など構造物の設計方法が進んできているにもかかわらず，災害が発生し続けている背景を述べ，本書では主要な災害である地震災害，風水害，火山災害に絞る理由を述べる。2章では，三つの災害とも地盤の脆弱性に起因したものが最近目立ってきていることと，地盤の形成過程によって災害に対する地盤の強弱が大きく異なるので，地盤の種類に関する基礎知識を述べる。3章では，地震災害に対する防災のあり方を述べる。そのためには，地震が発生するメカニズムや，地震動が地表面まで伝わってくる間の増幅特性などの基礎を知らないといけないので，まず，この説明を行う。その後，強い揺れ，液状化，自然斜面や造成斜面の崩壊，断層，津波について，過去の地震時における被災事例と復旧方法，今後の予測・対策方法を述べる。4章では，風水害に対する防災のあり方に関し，まず，日本における降水の特徴を述べる。そして，土砂災害として斜面崩壊，土石流，地すべりをとり上げ，被災事例や復旧時の対策，今後の予測と対策に関して述べる。また，豪雨による氾濫として外水氾濫と内水氾濫をとり上げ，同様の説明を行う。5章では，火山災害に対し，まず火山が形成されるメカニズムや噴火の特徴などを述べる。そして，噴火や火砕流，降灰による被災事例を紹介し，火山災害に対する対策の現状を述べる。

上述したように，防災工学を扱った本は少ない。また，防災工学が扱うべき範囲は幅広い。その中で，建設技術者を目指す方々に対象を絞って本書を書いた。読者の方々のお役に立てば幸いである。なお，執筆にあたっては，吉田望 東北学院大学名誉教授，千葉達朗氏（アジア航測株式会社），後藤聡 山梨大学准教授，中濃耕司氏（東亜コンサルタント株式会社）にお世話になった。感謝する次第である。

2018年11月

安田　進

石川　敬祐

カバーの写真（下）は著作者が株式会社朝日新聞社のヘリコプターに同乗して撮影。

目　　　次

1. 本書が対象とする災害

1.1　災害が発生し続けている背景 ･･･ 1
1.2　本書で対象とする災害 ･･ 2
　　　引用・参考文献 ･･ 6

2. 地盤の種類とそこで発生する災害の特徴

2.1　最近の災害が地盤の脆弱性に起因したものが目立つ理由 ･･････････････ 7
2.2　地球の誕生と地質年代 ･･ 8
2.3　低 地 の 地 盤 ･･ 9
　　2.3.1　河川沿いに形成された低地 ･･････････････････････････････････ 9
　　2.3.2　海岸沿いに形成された低地 ･････････････････････････････････ 14
　　2.3.3　台地を切り刻んで形成された低地 ･･････････････････････････ 17
2.4　段丘・台地の地盤 ･･･ 18
2.5　山地・丘陵地の地盤 ･･･ 20
　　　引用・参考文献 ･･･ 23

3. 地 震 災 害

3.1　地震の発生と地震災害の分類 ･････････････････････････････････････ 24
　　3.1.1　地震や火山の発生の源 ･･････････････････････････････････････ 24
　　3.1.2　震源断層と地表地震断層 ････････････････････････････････････ 27
　　3.1.3　震源から地表までの地震波の伝搬 ････････････････････････････ 29
　　3.1.4　地震による構造物の被害の種類 ･･････････････････････････････ 32
3.2　強い揺れによる被害 ･･ 32
　　3.2.1　強い揺れによる被害の種類 ･･････････････････････････････････ 32
　　3.2.2　強い揺れによる被害事例 ････････････････････････････････････ 33
　　3.2.3　強い揺れの予測と対策 ･･････････････････････････････････････ 38
3.3　地盤の液状化 ･･･ 42

3.3.1　液状化の発生およびそれにより被災するメカニズム ……………… 42
　　3.3.2　液状化による被災事例 ……………………………………………… 44
　　3.3.3　液状化の予測と対策 ………………………………………………… 54
3.4　自然斜面や造成斜面の崩壊 ………………………………………………… 64
　　3.4.1　斜面崩壊の種類 ……………………………………………………… 64
　　3.4.2　斜面崩壊の事例 ……………………………………………………… 67
　　3.4.3　斜面崩壊の予測と対策 ……………………………………………… 76
3.5　地表地震断層による被害 …………………………………………………… 84
3.6　津波による被害 ……………………………………………………………… 87
　　引用・参考文献 …………………………………………………………………… 91

4. 風 水 害

4.1　日本の降水の特徴と土砂災害，氾濫 ……………………………………… 93
4.2　土 砂 災 害 …………………………………………………………………… 94
　　4.2.1　土砂災害の被害事例 ………………………………………………… 94
　　4.2.2　土砂災害の予測と対策 ……………………………………………… 103
4.3　氾　　　　濫 ………………………………………………………………… 109
　　4.3.1　氾濫の種類 …………………………………………………………… 109
　　4.3.2　外水氾濫の事例と対策 ……………………………………………… 110
　　4.3.3　内水氾濫の事例と対策 ……………………………………………… 117
　　引用・参考文献 …………………………………………………………………… 118

5. 火 山 災 害

5.1　火山災害の特徴 ……………………………………………………………… 120
5.2　火山の噴火と構造，火山噴出物の種類 …………………………………… 121
5.3　火山による被害および復旧・復興事例 …………………………………… 125
　　5.3.1　三宅島の噴火 ………………………………………………………… 125
　　5.3.2　雲仙普賢岳の火砕流 ………………………………………………… 127
　　5.3.3　富士山の噴火 ………………………………………………………… 129
5.4　火山災害に対する対策 ……………………………………………………… 131
　　引用・参考文献 …………………………………………………………………… 133

あ と が き ……………………………………………………………………………… 134
索　　　　引 …………………………………………………………………………… 135

1. 本書が対象とする災害

　構造物を建設するにあたっては，地震や降雨の影響を考慮して設計が行われている。それでも，大地震や豪雨などのたびに災害が発生してきている。これは，設定されているレベル以上の地震などが襲ってきているなどの理由があり，補強などを行って未然に被害を防ぐ必要がある。災害が発生するか否かは，地震などの誘因と地盤などの脆弱性に影響される。自然災害には地震，火山，降雨，降雪などがあり，また，人為災害として火災や建設工事中の災害，地盤沈下などがある。

　本書では，地震災害，風水害，火山災害を扱う。

1.1　災害が発生し続けている背景

　2011年に発生した東日本大震災は，強い地震動そのものによる構造物の被害に加えて，図1.1に示すように，巨大な津波による甚大な被害を与えた。2015年の台風18号では，図1.2に示すように，茨城県の鬼怒川の堤防が決壊し，広い範囲で浸水被害が発生した。このように，地震や豪雨のたびに種々の災害が発生してきているが，なにも対策を施さないでいて災害を受けているのではない。特に，地震活動が活発で降水量も多く災害が発生しやすいわが国では，昔から災害を防ぐための種々の措置を施してきた。地震力を考慮して構造物を設計し，降水時の河川流量を推定して河川堤防の高さを確保してきた。

　それでも災害は防ぎきれていないし，逆に最近災害が増えている印象さえも受ける。その理由としては，以下のようなものが挙げられよう。

図1.1　津波による被害（2011年東日本大震災，宮城県気仙沼市）

図1.2 台風による豪雨で決壊した堤防（2015年，茨城県の鬼怒川左岸堤防）

（1） **過去を上回る地震・降雨** 地震や降雨に対する構造物の設計にあたっては，過去の災害事例をもとに地震力の強さ，降水量などを設定して設計することが行われているが，それらのレベル以上の地震力や降水量などが加わることもあるため。

（2） **想定の甘さ** 重要度が低いとみなされている構造物では，そもそも設計にあたって設定している地震力や降雨量のレベルが低いため。

（3） **経年劣化** 構造物の劣化や自然斜面の風化など，年月とともに強度が低下し設計時に比べて耐力が低下しているものが存在するため。

構造物を新しく建設する場合は，これらのことを考慮して，例えば**所要安全率**を少し大きくしておくといった，余裕を持たせた設計をすれば災害は防げることになる。ところが，これまでに建設してきた多くの既設構造物では，その余裕がないものが多い。このため補強を行って未然に被害を受けないようにしていく必要があるが，そのためにはばく大な費用がかかるので補強されないままになっている。その顕著なものとして，斜面崩壊対策がある。山地が7割を占め，地震や豪雨で被害を受けやすい斜面が至るところにあるわが国では，危険な斜面のすべてに対策を施すのは到底不可能である。したがって，補強といったハードな対策だけでなく，災害時の安全な避難などソフトの対策も含めた総合的な災害対策を施していく必要がある。

1.2 本書で対象とする災害

地震や豪雨のときに災害が発生するか否かは，それらの誘因（トリガー），つまり地震や豪雨そのものの強さに大きく左右されるが，災害を受けやすい地盤や生活環境にあるかどうかといった災害に対する脆弱性によっても違ってくる。誘因のおもなものを**自然災害**と**人為災害**とに分けて列挙してみると**表1.1**となる。ただし，分類の仕方には種々あるので，自然災害は日本での専門の研究所である独立行政法人防災科学技術研究所（2015年から国立

表 1.1 災害の種類

(a) 自然災害（(独)防災科学技術研究所の分類による）

(1) 地震・火山災害
　①地震（地盤震動，液状化，斜面崩壊，岩屑なだれ，津波，地震火災）
　②噴火（降灰，噴石，火山ガス，溶岩流，火砕流，泥流，山体崩壊，岩屑なだれ，津波，地震）

(2) 気象災害
　①雨（河川洪水，内水氾濫，斜面崩壊，土石流，(地すべり)）
　②雪（なだれ，降積雪，降雹，霜）
　③風（強風，たつ巻，高潮，波浪，(海岸侵食)）
　④雷（落雷，(森林火災)）
　⑤気候（干ばつ，冷夏）

(b) 人為災害

(1) 火災
(2) 工事中の沈下，陥没など
(3) 地盤沈下
(4) 油・ガス漏れ

研究開発法人）の分類方法[1]†を転用している。この表に従って過去の災害事例や対策事例の概要を示してみる。

わが国では太平洋プレートやフィリピン海プレート（図 3.2 参照）により強い力が加わっているため，地震活動が活発であり，自然災害のうち**地震災害**がまず深刻な災害として挙げられる。河川や海岸沿いに軟弱な地盤が多く形成されているため，地震時に**揺れ**や**液状化**などによる被害を受けやすくなっている。**図 1.3** に 1964 年新潟地震の際に液状化によって沈下・傾斜したアパートを示す。この地震を契機に液状化対策方法が開発され，最近では対策を施して構造物を建設するようになってきている。しかし，2011 年東日本大震災では約 27 000 棟に及ぶ戸建て住宅が液状化による沈下・傾斜といった被害を受けた。これは中・高層建物では液状化を考慮した設計が行われるようになっていたのにもかかわらず，戸建て住宅ではそうでなかったためである。このように，わが国では毎年のように各地で大なり小な

図 1.3 液状化により沈下・傾斜したアパート（1964 年新潟地震，渡辺隆博士提供）

---

† 肩付きの数字は，章末の引用・参考文献を表す。

りの地震災害が発生してきている。一方，世界を見渡すと地震活動が低い国が多く，例えば，日本と同じアジアでもシンガポールでは地震による被害をあまり憂慮していない。

わが国には**火山**が多く分布する。火山は，地球内部のマグマが上がってきている生き物といってよく，ときどき大災害を引き起こす。**図1.4**に1991年に雲仙普賢岳で発生した**火砕流**によって焼けただれた学校を示す。このときは，普賢岳に形成された溶岩ドームが突然崩れて火砕流を引き起こした。そのような被害が発生することが予想されておらず，報道関係の方々が映像を撮っていたところを襲ったため，43名もの犠牲者を出してしまった。火山が活動する周期は例えば数百年と長いため，災害の予測をするのが難しく，対策もとれないのが現状である。富士山は1707年に噴火（宝永の噴火）し，周辺の小山町などに甚大な被害を与えただけでなく，江戸まで**火山灰**が飛んできて数cmも積もった。以後300年経ってきており，再度噴火する危険性を有しているといわれている。仮に，現在の東京で火山灰が数cm積もると交通機能は麻痺し，ライフラインの機能不全も生じ，その結果として生活ができなくなることが危惧されている。ただし，それに対する対策はまだ考えられていない。また，火山の斜面はもろいので，地震や豪雨でしばしば崩壊が発生している。

図1.4 火砕流により焼けただれた学校
（1991年，雲仙普賢岳）

降水量が多く**台風**にもしばしば襲われるわが国では，**河川の氾濫**や**斜面崩壊**などの**風水害**も毎年のように発生してきている。山地が多く斜面が急峻なことや斜面の風化も進んでいることも，風水害を発生しやすくしている要因である。**図1.5**に2014年に広島市を襲った豪雨によって発生した**土砂災害**を示す。背後の山は急峻で，おもに花崗岩で形成され斜面表層の風化が進んでいたところに豪雨が襲い沢沿いに土石流が発生した。沢の出口に住宅地が開発されていたことが，悲惨な被害をもたらした。わが国では昭和30年代から都市の近郊に住宅地が多く開発されてきたが，災害の発生をあまり考慮せずに開発されてきているところが随所にあり，今後の豪雨や地震による被害が危惧されるところである。

わが国の国土は南北に長いので，北部では冬に雪が多く降る。このため，毎年のように平地で**交通障害**が発生し，さらに山地では**雪崩**が発生する。また，新潟県や長野県などでは雪

図 1.5　豪雨で発生した土石流によって被災した住宅地（2014 年，広島市）

融け時期に**地すべり**が毎年のように発生する。

　以上，国内を対象にして主要な自然災害を挙げてきたが，国外を見渡すと，**竜巻**，**干ばつ**，**自然火災**，**塩害**といったものもある。

　一方，人為災害としてはまず**火災**が挙げられる。個々の不注意によって発生した火災の延焼を防ぐため，耐火建物の建設を推進し，防火帯を設けるなど対策が進んでいる。ただし，1923 年関東地震や 1995 年阪神・淡路大震災で発生したような，大地震によって多くの箇所で火災が発生した場合の対策はまだ遅れている。また，海岸では 2011 年東日本大震災で発生したような**津波火災**や，2016 年新潟県糸魚川市で発生した強風による延焼に対する対策も必要である。

　建設工事中に発生する**事故**も，減ってきたとはいえ時折発生するので注意が必要である。最近でも，2016 年に博多駅近くの地下鉄の工事中に大規模な陥没事故が発生した。このように，地盤を掘削しているときの事故が目立っている。

　東京や大阪の低地では明治時代の末期ごろから地盤が徐々に**沈下**する現象が発生し，東京都江東区では 4.5 m もの沈下量に達した。当初はその原因がわからなかったが，地下水の汲み上げによる軟弱粘性土層の圧密に起因することがわかってきた。そのため，昭和 30 年代後半に地下水の汲み上げが規制され沈下は止まったが，**図 1.6** に示すように，それまでに東京低地では 124 km^2 に及ぶ**ゼロメートル地帯**（満潮になると水面が地表面より高くなる地帯）が形成されてしまった。この地帯は**堤防**や**護岸**によって浸水を防いでいるが，万一地震で壊れたり，気候変動や気象条件によりそこを越える高潮などが生じた場合には，水が流れ込んで水害が発生する危険性も有している。

　以上のほか，**油漏れ**や**ガス漏れ**など，多種多様な人為災害がある。

　このように災害の種類は多種多様であり，それぞれに被災原因，対策方法，対策の現状が異なり，本書ですべてを扱うことはできない。東京都の**地域防災計画**では，震災編，風水害編，火山編，大規模事故編，原子力災害編と分けて計画が示されているので，本書ではこの

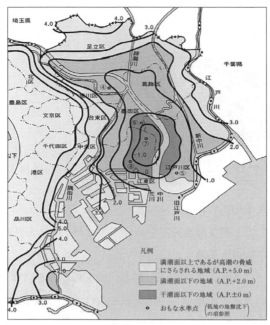

A.P. とは荒川工事基準面のことで,標高(T.P.) 0 m のとき,
A.P.+1.134 m となる。

図 1.6 東京都におけるゼロメートル地帯
（東京都[2]による）

中の自然災害のみを扱うこととし,地震災害,風水害,火山災害と分けて述べていく。また,土木構造物,建築構造物を対象にした対策を述べていくが,これらの構造物も多種多様なので代表的なものだけをとり上げる。

引用・参考文献

1) 独立行政法人防災科学技術研究所：防災基礎講座,自然災害について学ぼう
 http://dil.bosai.go.jp/workshop/01kouza_kiso/hajimeni/s2.htm（参照：2018 年 7 月）
2) 東京都建設局：東部低地帯の河川施設整備計画, p.3（2012）
 http://www.kensetsu.metro.tokyo.jp/content/000007170.pdf（参照：2018 年 7 月）

2. 地盤の種類とそこで発生する災害の特徴

　地震や豪雨による自然災害は，地盤の脆弱性に起因したものが多い。ただし，地盤は多種多様であり，地形や地質からみた区分により低地，段丘（台地），丘陵地・山地に大別される。日本における代表的な低地は河川沿いの低地であり，上流から扇状地帯，自然堤防地帯，三角州地帯に分けられる。自然堤防地帯や三角州地帯には軟弱な粘性土層や緩い砂層が堆積しており，地震時の揺れや液状化などの災害が発生しやすい。また，豪雨時に河川の氾濫も生じやすい。段丘は砂礫などから構成されており低地より災害は発生しにくいが，近年，盛土造成地が多く造られてきており，地震によって被害を受けるようになってきた。山地では地震や豪雨によって斜面崩壊，土石流などの災害が生じやすいので注意が必要である。

2.1　最近の災害が地盤の脆弱性に起因したものが目立つ理由

　1章で災害事例として挙げた地震による液状化や豪雨時の堤防決壊，土石流など最近の自然災害は，**地盤の破壊**といった脆弱性に起因したものが目立っている。この理由として挙げられることの一つは，橋梁や建物など人工構造物は設計・施工法の進歩により地震や豪雨，台風で壊れにくくなってきているのに対し，地盤のほうはそのような対応ができにくいので，災害が目立っていることであろう。また，2011年東北地方太平洋沖地震のように巨大地震が発生したり，気候変動による1時間当り100 mmを超すといった豪雨が降り始めても，人工構造物はかなり耐えうるのに対し，地盤は耐えきれないものが多いためであろう。さらに，埋立地や盛土造成地など近年人工的に造った地盤で，**締固め不足**などで地震や豪雨に弱いものがあることが理由として挙げられる。

　さて，地盤は形状からみた**地形区分**と材料や形成時期からみた**地質区分**とで分けて考えることができる。両者は相互に関係しており，新しい時期に形成された軟弱な土は低地に分布し，それより古い時期に形成された少し固い地盤は段丘に，そしてさらに古い時代に形成された岩は山地に分布していることが多い。そこで，本章では，地形をおおまかに区分した**中地形区分**に従って低地，段丘（台地），丘陵地・山地に分け，そこを形成している土や岩が有している災害への脆弱性に関して述べる。

2.2 地球の誕生と地質年代

地球は，宇宙の小物体がぶつかりあって約46億年前に誕生したと考えられている。その後現在までの期間は，**表2.1**に示すように，原生代，古生代，中生代，新生代と大きく分けられている。生命が誕生したのは原生代，恐竜が生きていたのは中生代，人類が誕生したのは新生代になってからと考えられている。一般に古い時期に形成された地層は硬くて，防災工学上の問題は少ないものが多い。これに対し，新しい時期に形成された地層は脆弱なものが多いので，**新生代**の地層に着目する必要がある。この新生代は古第三紀，新第三紀，第四紀と分けられ，さらに第四紀は**更新世**と**完新世**に分けられる。更新世の始まりは約258万年前で，完新世の始まりは約1万年前である。東京の下町のように低地の地盤の表層には，一般に完新世に川から流れてきた土などが堆積している。この土は軟弱な粘性土や緩い砂質土から成っており，地震災害も発生しやすい。これに対し，標高が一段と高い台地や丘陵地の表層には，より古い更新世に堆積した土が一般に分布している。この土は固結していない

▶侵食による地形の不思議

　山で見る朝焼けと夕焼けは素晴らしい。日本の北アルプスでは涸沢の朝焼け，室堂の夕焼けがなんといっても最高であろう。海外ではチリ・パタゴニアのトーレス・デル・パイネの朝焼けも素晴らしい。海抜がほぼゼロの湖から約3 000 mの山々を見て感動した。だが待てよ，なんでこんな虫歯のような形をしているのか？　この疑問は帰路にプンタ・アレーナスから飛行機で上空を飛んだときに解決した。なんと山頂から氷河が四方八方に流れ出し，ガリガリと削った深い谷が形成されたためである。氷河が削った谷は，V字谷でなくU字谷を形成すると習ったことがあり，槍沢もそれだとのことであるが，こんなに深くまで削っていくのかと驚いた。

　氷河だけでない。侵食によってできた地形にはトルコのカッパドキアなど，目を見張る素晴らしい場所が各地にある。

朝焼けのトーレス・デル・パイネ

表 2.1 地球誕生からの概略の地質時代

代	紀	世	年代
新生代	第四紀	完新世	1.17万年前
		更新世	258万年前
	新第三紀		2303万年前
	古第三紀		6600万年前
中生代			
古生代			
原生代			

＊本書で扱っている地質時代名と年代だけを記入し，ほかは省略している。

までも少し固くて，地震災害や風水害に特に弱くはない。さらに，標高が高い山地は岩石で構成されているが，形成された年代はまちまちである。例えば，秩父山地の中央部には約2億9000万年前の古生代ペルム紀の地層が分布するが，現在の富士山の土台となった古富士火山は約10万年前から1万年前にかけて活動し，現在の富士山を形作った新富士火山の活動は約1万年前に始まったとされている。

2.3 低地の地盤

低地は河川や海岸に面した低い平坦地を指し，主として河川や海による土砂の堆積や削剥により造られた地形である。日本における代表的な低地として，河川沿いの低地，海岸沿いの低地，台地の谷底低地について述べる。

2.3.1 河川沿いに形成された低地

河川が流れ始める山地では降雨や地震によって斜面が崩れ，崩落した土砂が川の流れによって海まで運ばれていく。ただし，粒形の大きさによって流されていく距離が異なり，最初に粒径の大きい礫が堆積し，しだいに粒径の小さい砂，シルトが堆積する。さらに，細かい粘土は海まで運ばれ海底に堆積する。**図2.1**の縦断面図に示すように，山地から平野に出たところで河川こう配が緩くなり流速も遅くなって，まず扇状に礫質土が堆積して**扇状地帯**を形成する。平野の中央部の**自然堤防地帯**では川は蛇行して流れ，**図2.2**の横断面図に示すように，川が氾濫したときに砂質土が川沿いに堆積し，粘性土は氾濫した水とともに流れ出し広く堆積する。前者を**自然堤防**，後者を**後背湿地**と呼ぶ。河口近くで川が湾に注ぐところに発達する**三角州地帯**では細かい砂やシルトが一面に堆積する。ただし，静岡県の大井川のように川が急流で崩壊土量も多い場合には，河口まで礫質土が運ばれていく場合もある。

10   2. 地盤の種類とそこで発生する災害の特徴

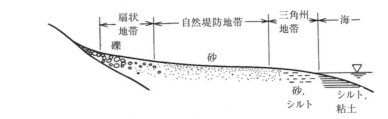

図2.1 川の上流から下流までの地形区分と堆積する土

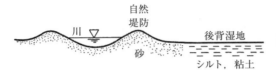

図2.2 自然堤防地帯の横断方向に堆積する土

日本で二番目に長い利根川は，図2.3に示すように，新潟県と群馬県の県境に源を発し，沼田市付近で関東平野に出たのち，埼玉県幸手市付近を通って千葉県銚子市で太平洋に注ぐ。ただし，これは江戸時代に人工的に河道をつけ替えたためで，以前は東京湾に注いでいた。幸手市から東京湾にかけての自然堤防地帯から三角州地帯にかけての縦断面図[2]を図2.4に示す。表層には上流側で約10 mの厚さの砂質土層が堆積し，下流になるにつれて薄くなっている。その下部には**有楽町層**と呼ばれる粘性土層，**七号地層**と呼ばれる砂質土層が堆積し，その下部には砂礫層（図中 BG）が堆積している。このような構成になっているのは，約2万年前から現在までの気温変化，海水面変動と土砂の堆積とのバランスが関係している。約2万年前は現在よりも約6〜7℃気温が低いヴュルム**氷期**であり，寒い地域では降雨水が氷

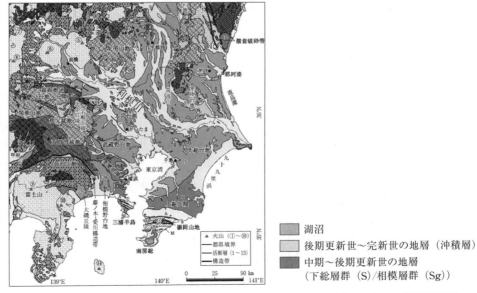

図2.3 関東平野の地質概略図と利根川の位置（地盤工学会[1]に利根川の位置を記入）

2.3 低地の地盤　　*11*

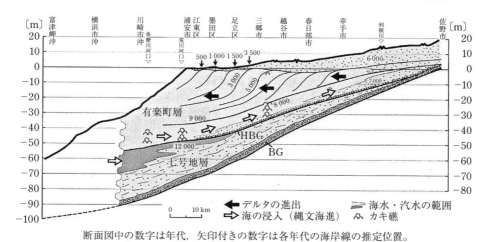

断面図中の数字は年代，矢印付きの数字は各年代の海岸線の推定位置。

図 2.4　埼玉県幸手市付近から東京湾にかけての断面（遠藤[2]による）

となって地上に残ったままになったため，現在より海水面が 100～140 m 程度低い位置にあった。そのため，現在の東京湾口より沖合まで海岸線が下がっていて（海が退いていくので**海退**と呼ぶ），現在の東京湾の底は陸地になっていて川が流れ，川底に砂礫が堆積していた。その後，気温が上がってきたため地上の氷が融けて海に注ぎ，**図 2.5**に示すように，海水面が上昇してきて，海岸線は東京湾口からしだいに内陸側に移動してきた。その間に海岸付近で堆積した海浜成の砂質土層が図 2.4 中の七号地層である。約 6 000 年前に海水面は現在より約 5 m 高くなったあと，現在の海水面まで少し下がった。図 2.4 中の数値は年代を示している。海水面が最大となった約 6 000 年前には関東平野の中まで海が入り込んで（縄文

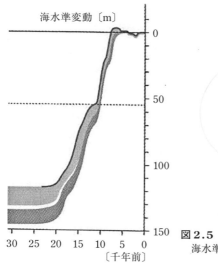

図 2.5　2 万年前から現在までの海水準の変動（遠藤[2]による）

海進と呼ぶ），幸手市の上流まで海になっていた。そして，海底には海成の粘性土が堆積した。これが図2.4の有楽町層の下部の層である。その後上流から土砂がしだいに流れ込んできて，また，海水面も下がって海岸線が後退し，海岸付近では海浜成の砂質土層が堆積した。幸手市や春日部市などではその後自然堤防地帯になって，さらに上部の層が堆積して現在に至っている。約2万年前から現在までに堆積した層は**沖積層**と呼ばれている。

　さて，河川沿いの低地で防災上留意することとして，まず扇状地帯では豪雨時に土石を巻き込んだ強い流れが河川で発生するので，それに対する注意が必要である。**図2.6**に2007年の台風9号によって神奈川県の酒匂川の十文字橋が**洗掘**によって沈下した被害を示す。また，**図2.7**に2009年に台湾を襲ったMorakot（モラコット）台風の際に土石流で破壊された橋の被害を示す[3]。

図2.6　2007年の台風9号に洗掘によって被災した橋脚（神奈川県の酒匂川，十文字橋）

この台風では3日間で3 004.5 mmの猛烈な雨が降り，台湾中部～南部の各地で斜面崩壊，土石流，洪水が発生した[3]。そのため，被災した橋梁は52箇所に及んだ。ただし，120箇所の橋梁が被害を受けたとの数え方もある。

図2.7　2009年に台湾を襲ったMorakot（モラコット）台風の際に土石流で破壊された橋

　自然堤防地帯や三角州地帯では，浅部に砂質土が緩く堆積している箇所もあるので，そこでは地震時の**液状化被害**に注意が必要である。**図2.8**に関東平野で過去の地震時に液状化した箇所を示す[4]。1923年関東地震の際には，春日部市など古利根川沿いで液状化が多く発生した。緩い砂質土が存在する代表的な例は図2.2に示した自然堤防の堤内地側（川と反対

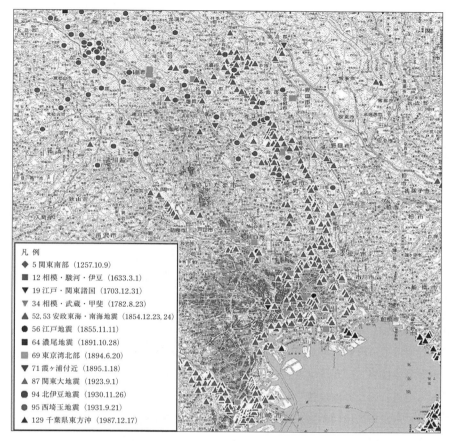

図 2.8 関東平野での液状化履歴図（若松[4]による，2011 年東北地方太平洋沖地震より前の地震のみ）

側）や，蛇行した河川を改修して直線化して残った旧河道跡である。一方，自然堤防地帯や三角州地帯では，軟弱な粘性土が厚く堆積した場所や，沖積層下面が不整形な場所が存在する。これらの場所では地震時に**揺れが増幅**する可能性が高い箇所もあるので注意が必要である。

自然堤防地帯や三角州地帯では，また，長時間にわたる降雨時の**河川の氾濫（外水氾濫**と呼ぶ）に注意する必要がある。2015 年の関東・東北豪雨災害では，**図 2.9** に示すように，利根川水系の鬼怒川堤防で堤防が決壊し甚大な被害が発生した[5]。一方，東京や大阪などの三角州地帯では地下水位の汲み上げによって地盤沈下し，図 1.6 に示したように海水面より地盤面が低い「**ゼロメートル地帯**」を生じた地区もあり，そのような土地が低いところでは短時間の豪雨（**ゲリラ豪雨**）が発生した際に雨水がはけず，**洪水（内水氾濫）**を生じやすいことに注意する必要がある。

14 　　2. 地盤の種類とそこで発生する災害の特徴

このときの出水により，鬼怒川左岸 21.0 km の堤防が決壊したほか，溢水や漏水などが発生した。そして，氾濫により多くの家屋浸水被害などが発生するとともに，避難の遅れによる多数の孤立者が発生するなど，甚大な被害となった。

図 2.9　2015 年の関東・東北豪雨災害で決壊した茨城県の鬼怒川堤防（提供：国土交通省関東地方整備局[5]）

2.3.2　海岸沿いに形成された低地

海岸付近では沿岸流が土砂を運んできて，海岸線沿いに**砂州**が発達する。また，季節風が強い日本海側では風で砂が飛ばされて高い**砂丘**が発達している。砂州や砂丘は分級されて粒径のそろったきれいな砂が堆積している。このように海岸線で砂州や砂丘が発達していき山地から流れてきた川の出口が塞がれると，そこに湿地や潟湖が形成される。このようなところでは軟弱な粘土層や腐植土層が堆積している。

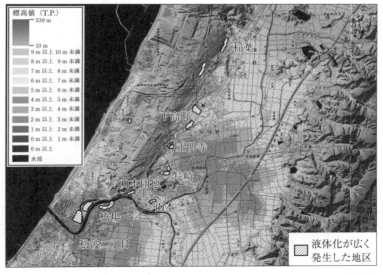

図 2.10　新潟県柏崎市から刈羽村にかけて 2007 年新潟県中越沖地震で液状化した地区

砂丘の内陸側で低地との境付近には，風で飛ばされた砂が緩く堆積しており，地震時に液状化が生じやすいので注意が必要である。特に，日本海側で地震が発生した場合には，必ずといってよいほど**液状化被害**が発生する。**図 2.10** に示すように，新潟県柏崎市から刈羽村にかけては海岸線に沿って標高 50 〜 70 m 程度の高い砂丘が発達している。ここでは，2007 年新潟県中越沖地震の際に図に示した砂丘の内側斜面の麓で液状化が発生し，**図 2.11** に示すように，多くの家屋が被害を受けた。

2007 年新潟県中越沖地震では震央に近かったので多くの地区で液状化したが，そのうち刈羽村稲場地区では 2004 年新潟県中越地震や，さらに遡って 1964 年新潟地震の際に，震央から離れていても液状化して被害を受けていた。

図 2.11　2007 年新潟県中越沖地震で液状化により被災した家屋（新潟県柏崎市）

一方，砂丘や砂州の内陸側に形成された湿地では，軟弱な**粘性土**に起因して地震時に大きく**揺れ**て被害を生じやすいので注意が必要である。図 2.10 の内陸側では，**図 2.12** に示すように，谷底平野が形成されているが，そこでは軟弱な粘性土が厚く堆積しており，3 章で述べるように，新潟県中越沖地震の際に大きく揺れ，周囲の砂丘や丘陵との際で水平方向の大きなひずみが生じて中圧ガス導管の座屈被害が多く発生した[6]。

以上の自然地形に加えて，日本の海岸には多くの**埋立地**が造られてきている。一般に，埋立地は砂質土を船などで運んできて海中に投下し，水面上になると砂質土を盛って造成される。したがって，砂質土が緩く堆積しさらに地下水位も浅い地盤のため，地震時に液状化が発生しやすいので注意が必要である。**図 2.13** に示すように，1995 年兵庫県南部地震（阪神・淡路大震災）の際に神戸の埋立地や人工島で広範囲に液状化し，建物，岸壁，橋梁，ライフラインなどが甚大な被害を受けた。また，2011 年東北地方太平洋沖地震（東日本大震災）によって東京湾岸の埋立地で，さらに広範囲に液状化が発生し，住宅地で家屋，ライフライン，平面道路などに甚大な被害を与えた。そのうち最も被害戸数が多かった千葉県浦安市で液状化した範囲を**図 2.14** に示す。

16   2. 地盤の種類とそこで発生する災害の特徴

沖積面と記された谷底平野には，深さ70mにも及ぶ厚い軟弱層が堆積している。新潟県中越沖地震の際に，谷底平野と周囲の丘陵との地形境界付近で水平方向の大きなひずみが生じて，小口径の中圧および高圧ガス導管が長柱座屈被害と溶接部品質の不良に起因して多くの被害を受けた。

図2.12 柏崎市から刈羽村にかけて広がる谷底平野と新潟県中越沖地震でのガス導管被災箇所[6]
(地形分類と断面図は新潟県地盤図編集委員会[7]による)

阪神・淡路大震災では，神戸市から尼崎市の埋立地や人工島で液状化により多くの構造物が被災し，さらに，護岸や岸壁がはらみ出して背後地盤が流動したために被害を甚大にした。

図2.13 1995年阪神・淡路大震災時に液状化で被災した岸壁

地盤が液状化すると地表に噴水・噴砂が生じるため，地震翌日から噴砂が道路に見られるか否か現地踏査し，液状化した範囲を調べた結果を示している。埋立地では市街地が液状化して家屋やライフランなどが被害を受けたが，三角州では液状化しなかった。

図2.14 2011年東北地方太平洋沖地震により千葉県浦安市で液状化した範囲

2.3.3 台地を切り刻んで形成された低地

図2.15に見られるように，東京中心部では台地を切り刻んで複数の細長い**谷底低地**が形成されている。これらのうち，神田川沿いの高田馬場から江戸川橋，飯田橋，神田を通る谷底低地の地盤構成を図2.16に示す。谷底低地には谷に土が堆積した谷底堆積低地と，

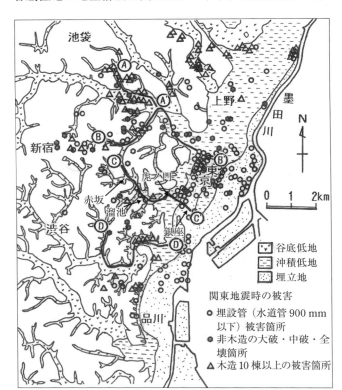

図2.15 東京中心部の微地形と関東地震による水道管や家屋の被害発生箇所[8]

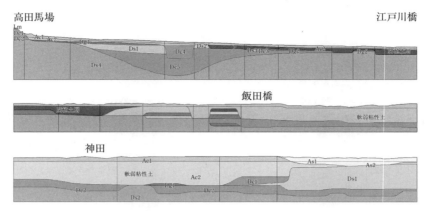

図 2.16 東京都の神田川沿いの高田馬場から江戸川橋，飯田橋，神田を通る谷底低地の地盤構成をモデル化したもの

河川で削られたままの谷底侵食低地とがあるが，江戸川橋付近より下流側では軟弱な粘性土層や腐植土層が堆積した谷底堆積低地となっている。これらの層はヴュルム氷期の際に台地が深く削られ，その後の海進で一度海が入り込んだときに堆積したものである。このように谷底低地に軟弱層が堆積している場合は，軟弱層の存在と横断面方向に**基盤が不整形**なために，局所的に地震動が増幅する可能性もあるので注意が必要である。

図 2.15 には，1923 年関東地震の際に水道管が被災した箇所と，非木造建物の大破・中破・全壊箇所，木造建物が 10 棟以上被害を受けた箇所も示した[8]。江戸川橋・早稲田付近より下流側の谷底低地で被害が多く発生している。これは，下流側では震度 6 と大きく被害も多く発生したのに対し，その上流の高田馬場付近では震度 5 程度しか揺れなかったためと考えられる。

2.4　段丘・台地の地盤

低地より一段高くなっていて広い平坦面を持つ地形が段丘や台地である。**段丘**は河川や海による土砂の堆積や削剥によって造られた地形が，地盤の隆起や海面の低下によって高くなったところを指し，**台地**といった場合は段丘を含め広く平坦面が広がったところを示す。台地には火山から噴出した火山性堆積物で形成された地形も含まれる。約 2 万年前に氷期がおとずれたことは前述したが，さらに遡ると，それ以前にも氷期と間氷期が 10 万年程度の周期で繰り返しおとずれている。そのたびに海水面の上下が繰り返されている。その影響を受ける河川では，図 2.17 に示すように，海水面の低下のときの削剥や上昇のときの堆積作用によって，上・中・下流で異なった**河成段丘面**が形成される。一方，海岸では波の侵食によって海食台が形成されたあとに隆起すると**海岸段丘**が形成される。このような段丘の地

盤は沖積層より古い層で構成されており，沖積層よりは強度が大きいが，小崩壊を起こすこともある。**図2.18**に1982年浦河沖地震の際に北海道の太平洋岸の海岸段丘斜面で崩壊が発生した事例を示す。

東京の中心部から立川付近にかけては台地が広がっており，ここでは**図2.19**に示すように，表層に数〜数十mの厚さの**関東ローム層**と呼ばれる火山灰層が堆積している。これ

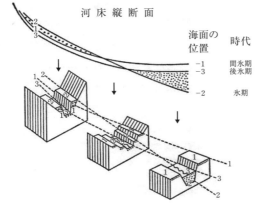

図2.17 河成段丘の形成の仕方例（貝塚[9]による）

図2.18 1982年浦河沖地震で発生した北海道の海岸段丘斜面の崩壊

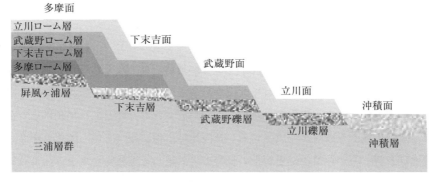

図2.19 東京の中部〜西部にかけて広がる段丘面と関東ローム層

は古富士山や箱根山などから噴出した火山灰が偏西風で東方へ運ばれて堆積したものである。更新世には火山活動が活発であったため，何度も堆積が繰り返され，図に示すように，多摩段丘では古いローム層から新しいローム層まで厚く堆積している。それに対し，立川段丘では新しいローム層だけが堆積している。関東ローム層は粘性土であるが，強度は小さくはない。ただし，雨が降るとぬかるんで，車両の走行（トラフィカビリティ）が困難になる。

図 2.20 に日本全体で火山噴出物が広く堆積している地区を示す[10]。南九州では**巨大噴火**がしばしば生じ，**火砕流**で形成された**シラス台地**が広がっている。このシラスの内部は高温のため再融解し固結している。そのため，かなり固くて，垂直に切り立った斜面を形成しやすいが，流水によって**ガリ侵食**も受けやすい。また，掘削して埋立材として使うと砂地盤になるので，緩く埋め立てられたままの場合には液状化を生じやすい。

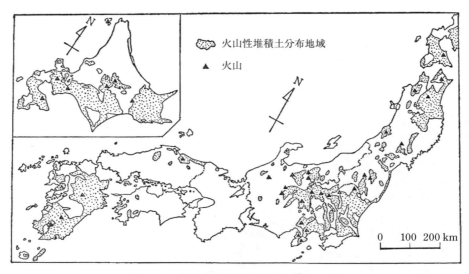

図 2.20　火山噴出物の分布（池田[10] による）

2.5　山地・丘陵地の地盤

地殻変動により**隆起**や**褶曲**，**断層**が発生すると，地盤が高くなる。また，地球内部のマグマが地表に噴出したり地盤を押し上げて**火山**が形成される。このように高くなったところは河川による削剥や崩壊によって侵食されて，谷が形成される。そして，尾根部と谷部からなる起伏に富んだ山地や丘陵地が形成される。丘陵地は山地に比べて低く起伏も小さい。一般に，丘陵地は新第三紀から第四紀更新世の軟岩や半固結した堆積物からなる。これに対し，山地は第三紀以前の硬質な堆積岩や火成岩，変成岩から構成されることが多い。これは長期間にわたる隆起と侵食により，地下深部でできた古い地層が地表面に現れているためである。

なお，現存している火山は第四紀に形成された新しいものである。

このような山地は，台地や低地に比べて硬い岩石で構成されている。岩石はその成因から，表2.2に示すように，火成岩，堆積岩，変成岩に分けられる。火成岩は地下にあるマグマが地球の浅いところに貫入したり，地表上に噴出して冷えて固結した岩石であり，固結する深さにより深成岩，半深成岩，火山岩に分けられる。それらはさらに，酸性かアルカリ性かによって分けられる。深成岩の代表的なものは花崗岩である。深部でゆっくり冷え固まるため鉱物結晶が十分に晶出しているが，風化すると**まさ土**（真砂土）となる。自然斜面では風化が深くまで進んでいることが多く，降雨によって崩壊しやすいので注意が必要である。さらに，風化に取り残された大玉石を含んでいることがある。風化したまさ土と未風化の大玉石が一緒に崩壊し，**土石流**として流れていくときは大玉石が先頭を走るため大きな破壊力となる。図2.21に2014年に広島市で発生した土石流災害を示すが，大玉石により被害が甚大になったのではないかと考えられる。

表2.2 岩石の分類

成因による分類	細分類	代表的な岩石名
火成岩	火山岩	玄武岩
	半深成岩	石英斑岩
	深成岩	花崗岩
堆積岩		砂岩，泥岩，石灰岩
変成岩		結晶片岩

2014年には3時間の累積降雨量が200 mm，時間降雨量が100 mmを超える集中豪雨により，広島市の西側の斜面で土石流が発生した。また，2018年7月に長期間降った豪雨により，広島市から呉市にかけての東側の斜面などで土石流が多発した。

図2.21 2014年の豪雨で発生した土石流による被害（広島市）

堆積岩は山地などで斜面が崩壊した土砂が河川によって海に運ばれ海底に堆積したり，土砂が流水や風力などで運ばれて堆積したものが，長い年月をかけて固結したものである。粒径によって礫岩，砂岩，泥岩と分類される。その他，サンゴや貝類が堆積して固結した石灰岩もある。これらがプレートの動きなどで海底から押し上げられると，堆積岩により山地が

形成されることになる。その硬さによって崩壊のしやすさは異なるが、新しい泥岩の場合には、切土をしたり掘り出して盛土材に使ったりするとしだいに**風化**して強度低下しやすいので注意が必要である。さらに、**図 2.22** のように、褶曲によって地層が**流れ盤**になっている箇所では、地震や降雨によってすべりやすい。**図 2.23** は、2004 年新潟県中越地震の際に発生したすべり崩壊で、流れ盤に沿ってすべっている。

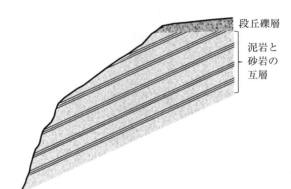

図 2.22　流れ盤の層構造

図 2.23　地震によって崩壊した流れ盤
（2004 年新潟県中越地震、小千谷市）

変成岩は火成岩や堆積岩が長年かけて圧力や熱で変成したもので、一般に硬い。

なお、日本の大都市の近郊の丘陵地では、**図 2.24** に模式図を示すように、昭和 30 年代から丘を削って谷部に盛土して多くの**造成宅地**が造られてきた。盛土造成にあたって地下水位を下げるための**排水施設**を設け、十分に締め固める必要があるが、そのように造られていない宅地が多い。このため、最近では地震のたびに、**図 2.25** に示すように、すべりや沈下被害を生じてきている。

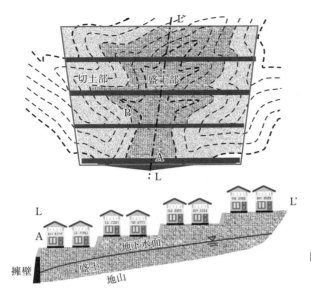

図 2.24 造成宅地の建設方法の概念図

図 2.25 1993 年釧路沖地震で崩壊した造成宅地の盛土（釧路市）

引用・参考文献

1) 地盤工学会関東支部 編集・製作：新・関東の地盤，地盤工学会，p.10（2014）
2) 遠藤邦彦：日本の沖積層—未来と過去を結ぶ最新の地層—，冨山房インターナショナル，p.40（2015）
3) 地盤工学会：2009 年 Morakot 台風による台湾の被害調査に対する災害緊急調査団報告書（2009）
4) 若松加寿江：日本の液状化履歴マップ，東京大学出版会（2011）
5) 国土交通省関東地方整備局：鬼怒川の堤防決壊のとりまとめ
   http://www.ktr.mlit.go.jp/bousai/bousai00000167.html（参照：2018 年 7 月）
6) 安田　進，柳田　誠，清水謙司，渡辺尚志：新潟県中越沖地震におけるガス導管被害と柏崎平野の地盤特性との関係，第 45 回地盤工学研究発表会，pp.1319-1320（2010）
7) 新潟県地盤図編集委員会編：新潟県地盤図説明書，新潟県地質調査業協会（2002）
8) 安田　進，吉川洋一，牛島和子：東京の谷底低地における地震被害と地層構成，土木学会第 48 回年次学術講演会講演集，Ⅲ，pp.422-423（1993）
9) 貝塚爽平：日本の地形，岩波新書，岩波書店（1973）
10) 池田俊雄：わかりやすい地盤地質学，鹿島出版会，p.108（1986）

3. 地震災害

　地中深くで震源断層が発生し，その地震が地表に向かって伝わってくる。被害に最も影響を与えるせん断波は，地表付近ではほぼ真下から伝わってくる。その際，工学的基盤より浅い表層で地震動は一般に大きく増幅するので，この間の増幅特性が重要となる。地表面での地震動が強いと震動による建物などの被害が発生する。これに対しては，既設の構造物を補強するなどの対策が施されつつある。表層が緩い砂地盤で地下水位が浅いと液状化を生じ，構造物の沈下や浮き上がりの被害が発生する。液状化の予測・対策方法は最近多く開発されてきたので対策が施されるようになってきているが，戸建て住宅ではまだ十分な対策がとられていない。自然斜面や河川堤防のような土構造物ののり面では地震によってすべりや沈下の被害がしばしば発生する。自然斜面の対策は困難であるが，土構造物のほうは対策の必要性が認識されてきて，補強などが行われるようになってきた。その他，地震の規模が大きいと断層が地表に現れて被害を起こす。この対策はまだあまり行われていない。また，地震によって発生する津波に対しては昔からなんらかの対策が施されてきてはいたが，東北地方太平洋沖地震で巨大な津波が発生したため，高台移転など高い津波に対する対策がとられつつある。

3.1　地震の発生と地震災害の分類

3.1.1　地震や火山の発生の源

　地球の半径は約 6 400 km であり，その内部は内側から内核，外核，下部マントル，上部マントル，地殻で構成されている。プレートは地殻と上部マントル上端の部分からなり，リソスフェアと呼ばれ，厚さが 50〜100 km 程度の硬い岩盤である。その下の流動性のある部分はアセノスフェアと呼ばれ，アセノスフェアを含むマントルは定常的に対流しており，一定の場所で上昇・移動・沈降している。そして，プレートはその下にあるアセノスフェアの動きに乗って移動していると考えられている。このような考え方を**プレートテクトニクス**と呼んでおり，**図 3.1** に示すように，地球は大小のプレートで覆われていると考えられている。各プレート間は ① **海嶺**，② **海溝**，③ **トランスフォーム断層** の 3 種類の境界で接している。海嶺は地球の内部より高温物質が上昇しているところであり，そこから左右に分かれて二つのプレートが形成される。これらのプレートは年間数 cm 程度の速さで移動していく。そして，ほかのプレートに衝突したところで沈み込んでいき，そこに海溝が形成される。

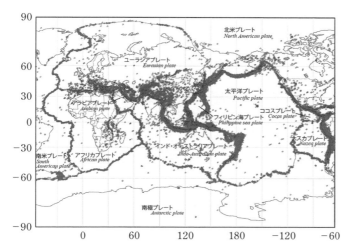

図 3.1 地球上のプレート
（気象庁[1]による）

ただし，海嶺の軸がずれているところではその間に隣接するプレート間で相対的なずれが生じる．これがトランスフォーム断層で，米国西海岸のサンアンドレアス断層がその例である．

さて，日本およびその周辺では，**図 3.2** に示すように，四つのプレートが複雑に接している．西側には大きなユーラシアプレートが，また北側には北米プレートが存在している．それらに対し東側からは太平洋プレートが年間 10 cm 程度の速度で，さらに南側からはフィリピン海プレートが年間 5 cm 程度の速さで押し寄せてきている．断面を模式的に示したのが**図 3.3** である．太平洋プレートは北米プレートに衝突して，北米プレートを引きずり込みながらその下に潜り込んでいる．そのため，東北から関東の沖合に水深が 8 000 m 程度もある大変深い日本海溝が形成されている．フィリピン海プレートが押し寄せてきている九州から東海の沖合でも同様に，プレート境界に細長い海底盆地である南海トラフが形成されて

図 3.2 日本付近のプレート

26　3. 地震災害

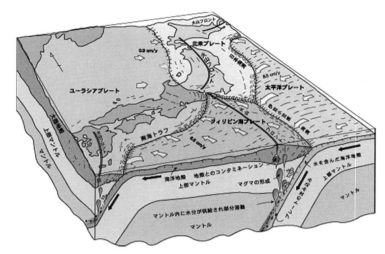

図3.3　太平洋プレートの沈み込みと地震，火山の発生
（全国地質調査業協会連合会[2]による）

いる。

このようにプレートが衝突しているところでは，以下のような原因により図3.4に示す位置で地震が発生する。

① 海のプレートの動きによって引きずり込まれ押されて圧縮力を受けていた陸のプレートが，海のプレートとの境界で突然ずれ，跳ね上がって大きな地震を引き起こす。このとき引きずり込まれていた海底が跳ね上がるため，その上の海を持ち上げて津波が発生し，陸に向かって押し寄せてくる。

② 海のプレート内でたまった力で断層が発生して地震を引き起こす。

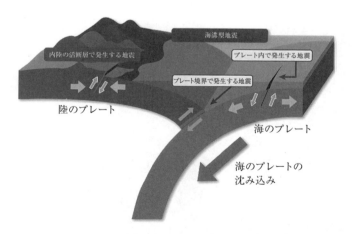

図3.4　日本列島周辺で発生する地震のタイプ
（地震調査研究推進本部[3]による）

③ 陸のプレート内でたまった力や①に伴って解放された力で断層が発生して地震を引き起こす。

さらに、プレートがある程度沈み込んだ箇所で、海と陸のプレート間の摩擦熱により部分溶融が生じてマグマが形成され、それが上昇して火山として噴き出す。このため、日本では海溝より日本海側に入ったところで、図5.18で後述するように、火山が形成されている。

なお、海のプレートの動きに伴ってプレート上の島や海底堆積物が運ばれてきて、陸側のプレートに付加していく。日本はこのような付加体で形成されてきた。例えば、日本の各地にある石灰岩は、かつて昔に南海の火山上に成長したサンゴ礁が付加したものである。

3.1.2 震源断層と地表地震断層

前述したように、プレートには衝突などによって力が働く。その力が大きくなりすぎるとプレート内やプレート境界でずれが生じて断層が発生し、そのときに地震も発生する。この場合、**図3.5**に示すように、地下の例えば数十kmの深さで地震を発生させた断層を**震源断層**（または**起震断層**）と呼ぶ。この深部でのずれの規模が大きいと、ずれが地表まで達して地表面に縦ずれや横ずれが発生する。これを**地表地震断層**と呼ぶ。地震のマグニチュードが小さいと地表までずれが達しない。M 6.5程度になると地表地震断層が生じやすくなり、M 7程度ではほぼ確実に地表地震断層が生じる。

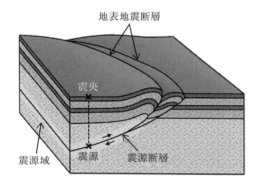

図3.5 震源断層と地表地震断層（地震調査研究推進本部[3]による）

さて、プレート内の要素には鉛直方向の応力 σ_V と、水平の2方向の応力 σ_{H1}, σ_{H2} が加わっている。これらのバランスによって、**図3.6**に示すように、3種類の断層が発生する。

正断層：水平一方向の応力が最も弱く鉛直方向の応力が最も強い $\sigma_V > \sigma_{H1} > \sigma_{H2}$ の場合で、水平方向に引張り力が働いたときに、落ち込むように正断層が発生する。

逆断層：水平一方向の応力が最も強く鉛直方向の応力が最も小さい $\sigma_{H1} > \sigma_{H2} > \sigma_V$ の場合で、水平方向に圧縮力が働いたときに、地盤は鉛直方向に押し出されるように逆断層が発生する。

横ずれ断層：水平一方向の応力が最も強く、他方向の水平力が最も小さい $\sigma_{H1} > \sigma_V > \sigma_{H2}$ の

28 3. 地 震 災 害

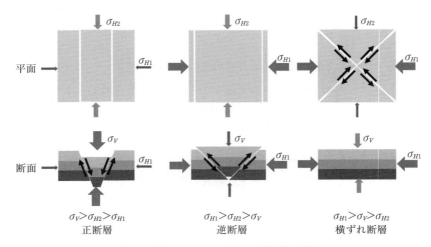

図 3.6 力のバランスからみた断層の種類

場合で，水平方向に圧縮力が働いたときに，積み木を横から押したときのように横ずれの断層が発生する。この場合は，上から見て時計回りのずれを右横ずれ，反時計回りの場合を左横ずれと呼ぶ。

　これらのうち，一般に逆断層の場合が最も強い震動を生じて甚大な被害を生じることが多い。1999年に台湾で発生した集集地震では最大9mもの高さの逆断層が地表に現れ，図3.7に示すように，多くの橋梁や建物，ライフラインが甚大な被害を受けた。一方，同年にトルコで発生したコジャエリ地震では4mにも及ぶ横ずれ断層が発生したが，図3.8に示すように，大きくずれた割には，断層そのものによる被害以外に甚大な被害は多くなかった。

図 3.7　逆断層による被害
（1999年台湾・集集地震）

　日本では上述したように，海のプレートとして，東側から太平洋プレートが，南側からフィリピン海プレートが押し寄せてきている。これらの力により，東北地方などでは逆断層が，中部地方から近畿地方にかけては横ずれ断層が，九州中部では正断層が発生してきている。

図 3.8　横ずれ断層による被害（1999 年トルコ・コジャエリ地震）

3.1.3　震源から地表までの地震波の伝搬

2011 年東北地方太平洋沖地震では，3 月 11 日 14 時 46 分に発生した本震後もずれが続き，広い範囲で陸のプレートと海のプレートのずれが起きた。このように，地震はある面で発生するので，これを**震源域**と呼ぶ。東北地方太平洋沖地震での震源域を平面的に示すと，図 3.2

▶ヨーロッパとアジアの架け橋：ボスポラス海底トンネル工事

　アガサ・クリスティの小説でも有名なオリエント急行の東側の終点はイスタンブールである。かつてはここからアジア側へ行くには，対岸のウシュクダールまでボスポラス海峡を船で渡らなければならなかった。そこに第一ボスポラス橋が架けられたのが 1973 年。続いて第二橋も 1988 年に建設されたが，それでも橋の交通渋滞がひどい。そこで，つぎに造られたのがボスポラス海底トンネル。なんと最大水深約 60 m の底に沈埋方式のトンネルが大成建設株式会社によって建設された。水深が非常に深いところでの沈埋トンネルの設置は大変であったが，さらに海底には液状化しやすい緩い砂地盤があった。イスタンブール付近も地震活動が活発な地域である。そこで，液状化対策としてコンパクショングラウチング工法が採用された。写真は，ボスポラス海峡に浮かぶ台船から水深 60 m もの下の地盤を改良している風景を示す。このトンネルによりヨーロッパ側とアジア側の駅がわずか 4 分でつながるようになった。

ボスポラス海峡で海底の液状化対策工事を行っている風景（台船から工事，その向こうは第一ボスポラス橋）

の中に示した範囲となる。このように，地震はある範囲で発生し，規模が大きくなるほどその面積は広くなるが，そのうちすべりが最初に発生した箇所を**震源**と定義している。これはある深さのところに位置するので，震源は3次元の座標で表示される。例えば，東北地方太平洋沖地震の震源は（北緯38度06.2分，東経142度51.6分，深さ24 km）と表示される。このうち，緯度と経度だけで平面的に表現した位置を**震央**と呼んでいる。

ずれにより発生した地震波はある場所まで地中を通って伝わってくる。このときの経路を概念的に描いたのが図 **3.9** である。まず，**地震基盤**と称しているところまで比較的一様な地震波が伝わり，それから上の地層の特性に左右されて地震波が変化していく。特に，**工学的基盤**と呼んでいるあたりから表層で揺れの振幅が増幅し，周期特性も変化してくる。地震波の種類には，図3.9のような経路で直接伝わってくる実体波として**P波（疎密波）**，**S波（せん断波）**があり，さらに地球の表面を伝わってくる表面波として**レイリー波**と**ラブ波**がある。これらのうち，P波の速度が速いため一番先に伝わってきて，その後でS波が伝わってくる。図3.9では，経路が直線でなく下に凸な曲線で表示してあるが，深部になるほど土や岩の密度が大きくなるので，光の屈折と同様に地震波も屈折して伝搬する。そして，地表に達するときにはほぼ真下から地震波が上がってくる。地表面のある箇所での揺れを推定する場合，震源から地表面までのこの経路に沿った計算をするのが理想であるが，数百 m や数 km といった深部の岩の特性は調べにくいので，実務としては一般に工学的基盤面より上の表層だけに着目して地震応答解析が行われる。工学的基盤面にはS波速度が 300～700 m/s や標準貫入試験の N 値が50程度になる深度がよく選ばれている。そして，その基盤面に下から鉛直方向に地震波が入ってくると考えて解析を行う。工学的基盤面より浅い浅部地盤の特性によって地表付近での震動の大きさが大きく異なるので，工学的基盤面から地表までの増幅特性は重要である。

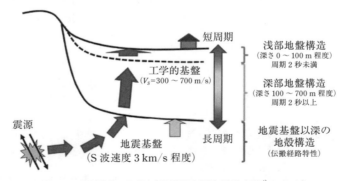

図3.9 地震動の伝搬（地震調査研究推進本部[4]による）

このように考えると，地表のある場所での揺れの大きさには，以下の要因が影響を与えることになる。

① 地震の規模
② 震源からの距離
③ 浅部地盤，特に工学的基盤面より浅い層の特性
④ 表層にある軟弱層の下面の形状
⑤ 地表面の形状

　これらのうち③～⑤は，2章で述べたように，地形・地質によって大きく異なる。詳細は3.2節で述べる。

　①の地震の規模はマグニチュードで表される。この値と震度は両者とも3～7程度の数値で示されるため紛らわしいが，マグニチュードは地震で発生するエネルギーを示し，震度は地表面での揺れや被害を示す指標である。

　地震の規模といっても表現が難しいのでマグニチュードの定義も複数あり，日本の気象庁で定義している**マグニチュード** M_j，**モーメントマグニチュード** M_W，**表面波マグニチュード** M_S などがある。このうち日本では，一般に気象庁マグニチュードを使用している。ただし，規模が特に大きかった2011年東北地方太平洋沖地震はこれでは表現できないので，地震のエネルギーをもとにしたモーメントマグニチュードを使って $M_W=9.0$ と表示されている。この値を気象庁マグニチュードに換算すると $M_j=8.4$ 程度に該当する。欧米では，表面波マグニチュードを使用することが多い。気象庁マグニチュードは地震計で記録された波形の振幅，震央距離，震源深さから計算されている。

　一方，震度の定義も複数あり，日本の気象庁震度階以外に欧米でよく用いられているものに**修正メルカリ震度階**（MM）がある。日本の**震度階**も1996年前後で設定の仕方が異なっている。かつては体感と周囲の被害状況から推定していたが，地震計が多く設置されるようになった現在では，地震記録をもとに震度を計算した計測震度を用いている。したがって，計測震度と周囲の被害状況とが合っていないような場合もある。例えば，東北地方太平洋沖地震の際に宮城県栗原市築館町では震度7と記録されたが，建物の被害はあまり出ていなかった。

　②に関しては，ある地点での揺れの大きさと関係あるのは震央距離ではなく震源距離，あるいは震源断層面からの距離である。特に直下で発生する地震では，震央距離よりも震源距離に地表の揺れは左右されるので，地震の深さが重要となってくる。例えば，首都直下で将来発生すると予測されている地震として北米プレートとフィリピン海プレートとの境界で発生する地震が懸念されているが，フィリピン海プレート上面の深度が，最近従来の想定より浅いのではないかとの知見が出てきた。そこで，東京都で行われている被害想定にあたっても，平成24年に見直しが行われ，予想される震度が大きくなった[5]。

3.1.4 地震による構造物の被害の種類

さて，地震によって以下に示すようなさまざまな構造物の被害が発生する。

（1） 建物などの地表にある構造物は強い地震動の慣性力によって揺すられて破壊や変状を生じる。杭基礎の構造物であれば杭も破損する。一方，下水道管など埋設管では地盤内で生じる大きな変位や圧縮・引張りひずみにより，座屈や引き抜けといった被害が発生する。これらの強い震動は特に低地で生じやすい。

（2） 緩い砂地盤では地震時に液状化が発生し，その上に建っている建物や河川堤防などが沈下したり，地中構造物が浮き上がったりする。液状化は低地で，特に最近埋め立てた地盤で発生しやすい。

（3） 自然斜面や盛土のり面では地震動によって斜面が崩れる。自然斜面は山地に無数に存在し，盛土造成地は丘陵地に多く造られてきている。さらに，道路・鉄道盛土は低地にも多く造られてきている。

（4） 地表地震断層が生じると，直上にある建物が傾いたり破壊する。また，道路・鉄道・堤防といった長い構造物では上下・水平方向にずれが生じる。低地と台地・丘陵地の境はもともと断層が存在する箇所があったりして，地表地震断層を生じやすいことがある。

（5） 地震発生に伴って海底の高さが急激に変化すると津波が発生する。そして，これが海岸まで押し寄せてくると住宅などが甚大な被害を受ける。

以下の節では，これらの被害が生じるメカニズムや被害事例，予測・対策方法を述べる。

3.2 強い揺れによる被害

3.2.1 強い揺れによる被害の種類

液状化や斜面崩壊のように地盤が破壊しなくても，強い震動そのものによって構造物は被害を受ける。その被害にも，以下のようなものがある。

① 地表にある建物などの構造物が大きく揺すられて慣性力によって破損や破壊をする。特に地表面での地震動の卓越周期が構造物の固有周期と一致すると，共振を起こして破損しやすい。

② 地盤が大きな変形を受けて，そこにある埋設管や杭基礎が破損や破壊をする。

③ 浅部地盤が水平方向に不均質な場合，境界で埋設管に大きな圧縮・引張りひずみが発生して破損する。

そして，以下のような場合には，地表面での震動が特に増幅されて強くなる。

① 表層に軟弱層がある場合：下方の硬い層から伝搬してきた地震波の速度が軟弱層に入ると遅くなるため，地震波が凝縮されて震動が大きくなる。さらに，地表面で反射した

波が基盤で再反射して震動が大きくなったり継続時間が長くなる。

② 共振を生じる場合：入ってきた地震波の卓越周期が表層地盤の固有周期と合った場合には，共振を生じて震動が大きくなる。

③ 表層にある軟弱層の下面や地表面が不整形な場合（図3.10）：表層にある軟弱層の下面が不整形な場合，地震波がある箇所に集中すると震動が大きくなる。地表面が凸型になっている箇所でも震動が大きくなることがある。

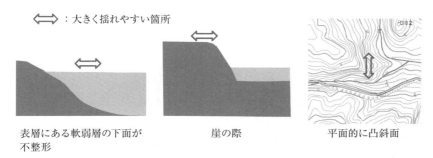

図3.10　基盤や地表面が不整形で大きく揺れやすい箇所

3.2.2　強い揺れによる被害事例

〔1〕　非常に強い震動で建物が被害を受けた事例

日本において，近年非常に強い震動を広い範囲で受けて，中・低層の建物や高架橋など多くの構造物が甚大な被害を受けた代表的な事例としては，1995年1月17日午前5時46分52秒に発生した阪神・淡路大震災（兵庫県南部地震）による被害がある。地震の規模は$M_j=$7.3，震央は淡路島北部で，深さは16 kmであった。図3.11に示すように，この地震によ

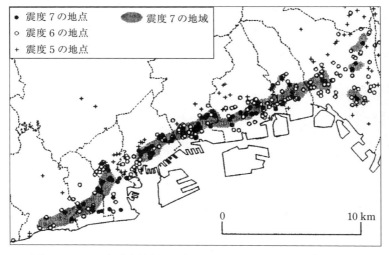

図3.11　1995年兵庫県南部地震の震度分布（日本建築学会[6]による）

り神戸市，芦屋市，西宮市を中心に広い範囲で震度6～7の強い震動を受けた。地表ピーク加速度は 800 cm/s^2，地表ピーク速度は 100 cm/s 程度にも及んだ。

このような強い震動により，中層建物，戸建て住宅，高架橋など多くの構造物が全壊に至る甚大な被害を受けた。図3.12に神戸市の中心地の三宮駅付近で，6階が完全に崩壊した神戸市役所の建物を示す。この一帯は地盤は軟弱ではないが，同様な被害が中層ビルでたくさん発生していた。図3.13に宝塚市で全壊した戸建て住宅を示すが，神戸市から芦屋市，西宮市，宝塚市にかけて至るところで同様の被害が発生した。図3.14に高速道路，図3.15に鉄道の高架橋で発生した被害を示す。前者は特殊な構造のため崩壊しやすかったことも指

図3.12　神戸市三宮の
　　　　神戸市役所の被害

図3.13　兵庫県宝塚市での
　　　　戸建て住宅の被害

図3.14　阪神高速道路3号神戸線の
　　　　高架橋の被害（神戸市）

図 3.15 阪神電車の高架橋の被害（神戸市）

摘されているが，後者は一般的な構造である。この地区は，六甲の山と大阪湾との間の狭い地区を複数の道路と鉄道が平行して建設されていた。非常に強い震動でこのように高速道路，JR 在来線，私鉄，新幹線の高架橋が多く壊れたため，東西の交通が遮断され，復旧にも大きな悪影響を与えた。

この地震で非常に強い地震動が生じた理由としては，直下で地震が発生し，震源も浅かったことが挙げられるが，さらに六甲山の麓に沿ってベルト状に強い地震動が生じたのは，六甲の山の裾野から大阪湾に向かって基盤の深さが急激に深くなっているので，基盤の不整形性が起因しているとの見方もある。

〔2〕 表層地盤の軟弱さの違いにより被害に大きな違いが生じた事例

震央からの距離が同程度でも，隣あった地区で地盤の違いにより被害が大きく異なるケースはしばしば生じてきている。1985 年メキシコ・ミチョアカン地震（$M_W=8.0$）では，震央から約 400 km 離れたメキシコシティで，地盤の違いにより地表での揺れと建物被害に大きな差が生じた。図 3.16 に地形区分と建物被害箇所，記録された地表ピーク加速度を示す。メキシコシティはかつて湖があったところに発達した街であり，標高は 2 250 m と高いところに街がある。湖沼地区と区分されている地区では超軟弱な粘性土が厚く堆積している。メキシコシティの中心地であり，多くの中層ビルが建てられてきている。一方，カルデラの周囲は硬い溶岩などからなる丘陵地区がある。図 3.17 に示すように，湖沼地区では多くの中層建物が甚大な被害を受け，犠牲者が多数発生したが，図 3.18 に示すように，丘陵地区ではほとんど被害は生じなかった。図中に示した地表でのピーク加速度を見ると，丘陵地区では 30 cm/s^2 程度の水平加速度しか生じなかったのに対し，湖沼地区では 160 cm/s^2 程度と大きな水平加速度が生じていた。さらに，湖沼地区の地震波形は丘陵地区のそれに比べて卓越周期が長かった。このように，大きな加速度と長周期の地震動を受けたため，多くの中層建物が甚大な被害を受けた。

36 　3. 地 震 災 害

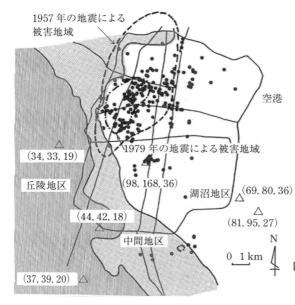

・ 1985年の地震による建物被害箇所
△ 強震観測地点
( ) 地表ピーク加速度（NS, EW, UD）〔cm/s²〕

図 3.16　メキシコシティでの地形区分と地表ピーク加速度（安田ら[7]による）

図 3.17　湖沼地区での建物の被害（メキシコシティ）

図 3.18　丘陵地区の状況（メキシコシティ）

なお，この地震の震央は太平洋沿岸であったが，震央近くの Caleta de Campos（カレタ・デ・カンポス）で記録された地震記録では $138\,\mathrm{cm/s^2}$（NS 成分）とあまり大きくはなかった。図 3.19 に示すように，住宅にもほとんど被害が発生していなかった。ここは海岸段丘に位置し，地盤が硬いのではないかと思われる。一方，すぐ近くの Lazaro Cardenas（ラサロ・カルデナス）では建物や橋脚が被災したり，埋立地の工場では液状化による被害も発生した。ここは河口に位置する沖積地盤のため地盤が少し軟弱と考えられるが，それでもメキシコシティでの被害に比べると被害の程度は軽かった。図 3.20 の地図に位置関係を示すように，震央からの距離で考えると，カレタ・デ・カンポスやラサロ・カルデナスでの被害はメキシコシティより甚大なはずであるが，実際の被害は逆であり，震央から遠くても地盤が軟弱であると甚大な被害を受けることがあることに留意する必要がある。

図 3.19　震央近くのカレタ・デ・カンポスの状況

図 3.20　1985 年メキシコ・ミチョアカン地震の震央とメキシコシティの位置関係

〔3〕 不整形な基盤や地形の境界付近で埋設管などが被害を受けた事例

地形の境界付近で埋設管が被害を受けた事例として，2007年7月16日に発生した新潟県中越沖地震（$M_j=6.8$）の際に新潟県柏崎市から刈羽村にかけて発生した，都市ガスの中・高圧導管の被害が挙げられる。都市ガスは製造工場で作られたのち，高圧から中圧，低圧と圧力を下げていって一般の家庭に供給される。当然，高圧や中圧のガス導管は地震などに強い管が使われている。それでも図2.12に示した合計29箇所の高圧と中圧のガス導管で，図3.21に示すように，小口径管の長柱座屈被害と溶接部の品質の不良に起因する被害が発生した。柏崎市から刈羽村にかけては，図2.12に示したように，北北東―南南西方向に長さ約20km，幅約5kmの谷底平野が広がっている。この平野は軟弱な沖積粘性土層が最大70mの深さまで厚く堆積し，周囲は丘陵と砂丘に囲まれている。したがって，谷底平野と周囲の丘陵との地形境界付近で発生した地盤のひずみが被害要因の一つとして考えられている。

図3.21 中圧ガス導管の長柱座屈被害
（日本ガス協会[8]による）

表層にある軟弱層の下面が不整形な例として，台地を刻む谷底低地が挙げられる。東京にも多くの谷底低地が形成されており，図2.15に示したように，1923年関東地震の際には谷底低地で建物や水道管が被害を受けた。図2.16にこの地区の谷底低地の断面図の例を示したが，軟弱な粘土層が30mもの厚さで堆積し，さらに表層に3～4mの厚さの腐植土層が堆積している。これらの軟弱層の影響により地震動が増幅しやすかったうえに，さらに下面が傾いていて，地震動が中央付近に集中して大きな揺れが生じたのではないかと考えられる。

3.2.3 強い揺れの予測と対策

〔1〕 揺れの予測の一般的な手順

将来発生する地震に対してある場所における揺れを予測する場合，まず3.1節に述べたような地震発生のメカニズムを考慮して，その場所に将来影響を与えそうな地震を想定するこ

とから始めて，地表面まで地震動が伝わっていく過程の揺れを推定することになる。東京都[5]で推定している手順では，まず将来の地震として

① フィリピン海プレートが北米プレートの下に潜り込むところで発生する M_j=7.3 の直下地震：震央位置は東京湾北部と多摩地区を想定
② 相模トラフで発生する M_j=8.2 の海溝型地震：1703 年に発生した元禄関東地震と同程度を想定
③ 立川断層帯で発生する M_j=7.4 の地震

を想定し，それぞれ震源断層の大きさを設定している。そして，震源断層で地震が発生したあと，地震基盤，さらに工学的基盤まで伝わってくる地震動を推定している。

さて，工学的基盤より上の浅部地盤の軟弱さや，軟弱層下面の不整形性，地表面の形状によって，工学的基盤から地表にかけての揺れの増幅度合いが大きく異なることは，前述したとおりである。したがって，この増幅度合いをどのように推定するかが，揺れの予測結果の精度に大きく影響してくる。精度よく予測するためには，**地震応答解析**と呼ばれる解析を行う必要がある。ただし，この方法にも，**表 3.1** に示すように，地形形状の再現性が高い 3 次元モデルの解析から 1 次元モデルの解析まであり，さらに，過剰間隙水圧の発生や消散を考慮できる複雑な有効応力解析から，考慮できないが比較的簡単な全応力解析まで種々ある（詳しくは参考文献 9）などを参照されたい）。解析手法に応じて必要な地盤定数も異なってくる。簡易な解析では，一般に地盤調査として行われる標準貫入試験の N 値や粒度特性の情報だけでよいが，詳細な解析ではさらに PS 検層，動的変形特性試験といった調査・試験が必要である。したがって，必要とする精度に応じて地震応答解析方法を選択する必要がある。

表 3.1　地震応答解析方法の種類

項　目	種　類
空間に関する解法（モデル化）	・1 次元　・2 次元　・3 次元
土の応力〜ひずみ関係の扱い	・線形　・等価線形　・非線形
過剰間隙水圧の考慮の仕方	・考慮　・考慮しない
時間に関する解法	・逐次積分法　・周波数領域の解法

これに対し，自治体の被害で作成されている**ハザードマップ**では，揺れに対し地震応答解析を行うまでにまだ至ってなく，過去の地震の経験から出された指標を用いて，より簡易に増幅度を設定するケースが多い。例えば，対象地域を 250 m×250 m のメッシュに区切り，それぞれのメッシュでの深さ方向の地盤モデルを作成し，30 m の深さまでの S 波速度の平均値 V_{S30} を求め，V_{S30} と増幅度の経験式を用いて地表での揺れを推定する方法がよく用いられている。ただし，これだけでは浅部地盤の特性や基盤の不整形性などの影響を考慮できな

いので，計算機の発達とともに，今後は地震応答解析で推定していくことが望まれている。

〔2〕 地震応答解析例

浅部地盤が軟弱で，しかも軟弱層下面が不整形な地区で地震応答解析を行った事例として，3.2.2項〔3〕に示した新潟県中越沖地震における柏崎市での被害を説明するために行った解析結果を示す。

図3.22（a）に解析断面を示す。これは図2.12に示した柏崎平野を東西に横切る測線に沿った2次元断面であり，更新世の泥岩からなる盆状の基盤の上に，軟弱な沖積粘性土層が厚く堆積している。軟弱層の幅は約4kmで，最深部の深さは72mと大変深い。地震応答解析は全応力法で広く用いられているFLUSHで行っている。解析に必要なS波速度V_sは近くの同様な地盤においてPS検層で測定した値から推定し，軟弱層粘性土層で115 m/s，基盤層で270 m/sとしてある。入力波には柏崎原発SG3波（EW方向，地表ピーク加速度617 cm/s^2）を用いている。図3.22（b）に解析結果のうち断面内の水平方向のピーク加速度の分布を示す。両側の丘陵と砂丘では地表面付近で300～400 cm/s^{2}の加速度となっているが，軟弱粘性土が堆積する谷底平野では100～200 cm/s^{2}程度の加速度にとどまっている（ここには示していないが，変位振幅は逆に大きい）。一方，図3.22（c）にガス導管の一般的な埋設深度である1.5 mの深さにおける水平方向の地盤の最大ひずみ分布を示す。谷底平野の中央部では水平方向の地盤のひずみがほとんど発生していないのに対し，地形境界

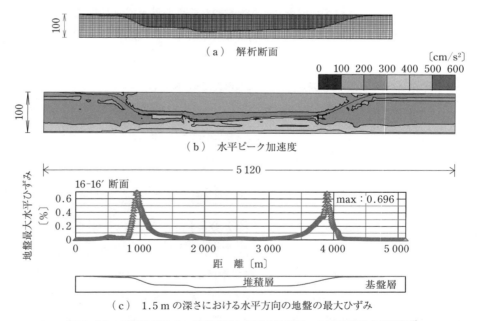

（a）解析断面

（b）水平ピーク加速度

（c）1.5 mの深さにおける水平方向の地盤の最大ひずみ

図3.22 新潟県柏崎市の谷底平野を横断する断面の2次元地震応答解析[10]

付近では 0.7% と大きな圧縮ひずみが発生している。このような大きな水平方向の地盤のひずみの発生が，小口径管の長柱座屈被害および溶接部の品質の不良箇所に被害を生じさせた原因の一つではないかと推測されている。

〔3〕 耐震設計における地震動の一般的な設定

わが国ではほとんどの構造物に対して耐震設計方法が規定され，それに従って設計が行われている。この耐震設計においても，当然，将来の地震時の揺れを考慮している。ただし，設計基準は全国を対象にしているため，地域特性と浅部地盤特性を考慮して，一般に以下のように設計水平震度 k_h を設定している。

$$k_h = \nu_1 \times \nu_2 \times \nu_3 \times k_{h0} \tag{3.1}$$

ここで，k_{h0} は標準水平震度，ν_1 は地域別補正係数，ν_2 は地盤別補正係数，ν_3 は重要度別補正係数である。

さらに，1995年兵庫県南部地震で強い地震動を受けたことを契機に，設計用の地震動を，それまでの設計震動相当のレベル1地震動と，非常に強い設計地震動のレベル2地震動とで設計されるようになった。レベル2地震動には海溝型地震と内陸直下地震を想定されることが多い。

〔4〕 強い揺れに対する対策

将来の地震に対して揺れを推定した結果が既設の構造物の設計震度を超える場合，対策を施す必要がある。地区全体の地盤の揺れ自体を弱くする対策ができればよいが，これは不可能である。そこで，個々の構造物に対して

① 構造物に免振装置や制振装置をつけて揺れを軽減する
② 強い震動を受けても甚大な被害が生じないように構造物を補強する

といったハードな対策を行うこととなる。中・高層の建物では，補強したり制振装置をつけることが行われている。特に，公共の建物では，図 3.23 に示すように，耐震補強が多く行われつつある。これに対し，民間の中層ビルや戸建て住宅では補強はまだあまり行われていない。橋梁では沓を免振沓に取り換えたり，落橋防止装置を整備したりしつつある。東海道新幹線の盛土や河川堤防といった土構造物でもすべり防止や沈下量を軽減するために補強が行われるようになってきた。また，護岸や岸壁も補強が行われつつあり，地中埋設管も地震に強い管と取り換える作業も行われつつある。

図 3.23 コンクリート建物の耐震補強例

3.3 地盤の液状化

3.3.1 液状化の発生およびそれにより被災するメカニズム

図 3.24 に地震時に液状化が発生するメカニズムを示す。地下水位以下に砂が緩く堆積している状態を想定する。ある深さの土の要素には周囲から拘束する圧力が加わっているが，これを土粒子間の応力（**有効応力**と呼ばれる）で支えている。土粒子間の隙間にある間隙水には，地下水面からの深さに応じた静水圧が加わっているだけである。ここに地震が襲ってきて，S 波による左右への繰返しせん断変形を受けると，土粒子の噛み合わせがしだいに外れていき，最終的にバラバラになる。そのときは，水の中に土粒子が離れた状態で存在している泥水と同じ状態に変化している。これが液状化した状態である。こうなると周囲からの拘束圧を土粒子間で支えなくなり，代わりに間隙水の圧力で支えるようになり，水圧が上昇する。この過剰間隙水圧は地表に向かって浸透していき，地表で噴き出す。このとき砂も一緒に噴き出し，その後水がひいて砂だけが図 3.25 のように噴砂として残る。このようなメカニズムから考えて，地盤の液状化は，① 地下水位以下の，② 緩く堆積した，③ 砂層に，④ 震度 5 弱程度以上の地震が襲った場合に発生しやすい。また，地下水位が深いと液状化する層が薄くなったり，深い層が液状化しても地表まで過剰間隙水圧が伝播してこなくて，構造物が被害を受けにくい。したがって，上記は，① 地下水位が浅く，② 緩く堆積した，③ 砂地盤に，④ 震度 5 弱程度以上の地震が襲った場合に液状化による被害が発生しやすい，といった方が被害との関係はわかりやすい。

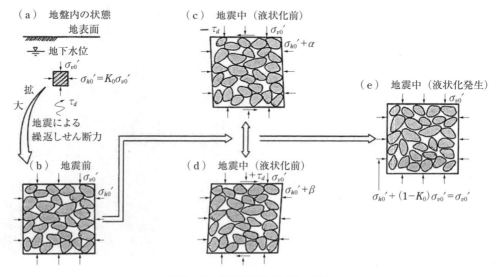

図 3.24 液状化発生のメカニズム

図3.25 噴砂の例
(秋田県の八郎潟)

さて，地盤が液状化すると泥水のようになるので，**図3.26**に示すように，以下のような種々の被害が生じる。

① 直接基礎の構造物：地表に建てられた建物やタンクなど種々の構造物は沈下・傾斜する。

② 杭基礎の構造物：杭先端地盤が液状化すると沈下する。また，先端は液状化しなくても表層が液状化すると水平方向の揺れにより大きく変形し，杭が破損したり，上部の橋桁が落橋する。

③ 地中構造物：地中に埋まっているマンホールや防火水槽，下水道管など軽い構造物は浮き上がる。"泥水"の単位体積重量は水より重く，$17 \sim 19 \, kN/m^3$ もあるため，コンクリート製の構造物でも中に空洞があれば浮き上がる。

④ 岸壁や護岸および背後地盤：背後の地盤が液状化すると岸壁や護岸に加わる土圧が増える。また，基礎下の地盤が液状化すると支持力がなくなる。これらにより岸壁や護岸が海や川に向かってはらみ出す。そして，岸壁や護岸が大きくはらみ出すと背後の液状化した地盤が水平方向に流動するし，そこに建っている直接基礎の構造物の基礎は引き裂かれ，杭基礎も変形し，埋設管も引っ張られて甚大な被害を受ける。

⑤ 土構造物：河川堤防やアースダム，鉱さい集積場といった土構造物では地盤の強度やせん断剛性が減少するため，すべったり沈下する。

⑥ 緩やかな傾斜地盤：上述した岸壁・護岸背後地盤の流動に加え，緩やかな傾斜地盤でも液状化に伴って地盤全体が流れ出す"**流動**"が発生する。そのため，岸壁・護岸背後地盤の流動と同様に各種構造物の被害を甚大にする。

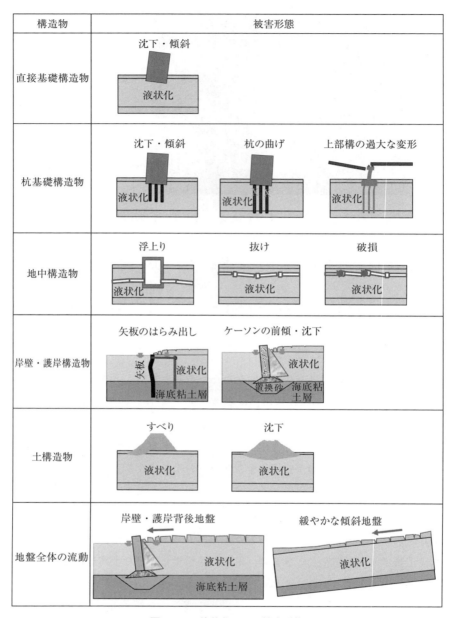

図 3.26 液状化による被害形態

3.3.2 液状化による被災事例
〔1〕 直接基礎や杭基礎の構造物の被害事例

1964年6月16日に発生した新潟地震（$M_j=7.5$）では，震央から約50km離れていたにもかかわらず，新潟市の広い範囲で**液状化**が発生した。そのため多くの建物が沈下・傾斜し，

信濃川に架かっていた橋が落ち，鉄道盛土も崩れるなど種々の甚大な被害を受けた。これにより，わが国では液状化による被害が広く認識されるようになった。

図 3.27 に示すように，新潟市は日本海に沿って発達した砂丘の内陸側に発達した都市である。東から阿賀野川が，西からは信濃川が流れ込んでいる。両河川ともかつては流路が定まらず大きく蛇行していた。信濃川の川幅はかつては広かったが，1922 年の大河津分水の通水を契機に下流の川幅が大幅に減少した。これらにより形成された旧河道やそこを埋め立てたところ，および砂丘のきわや自然堤防で液状化が発生した。

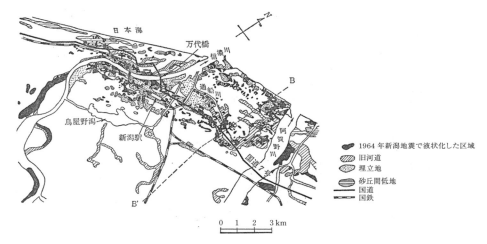

図 3.27 1964 年新潟地震のときの新潟市の地形と液状化した箇所

新潟では，大火の後にビルの建設が進められていたこともあり，新潟地震のときには1 530 棟のコンクリートの建物が建てられていた。そのうち約 340 棟がなんらかの被害を受け，約半数は上部構造がまったく無傷のまま沈下・傾斜したと報告されている。最も有名になったのは図 1.3 に示した川岸町にあった県営アパートである。4 階または 3 階建ての鉄筋コンクリート造のアパートが 8 棟ほどあったが，そのうち 4 号棟はほぼ転倒し，3 号棟は転倒寸前，その他は 2 ～ 8° ほど傾斜した。地震当時屋上にいた住民の方の話によると，ゆっくりと転倒していったとのことである。基礎は，杭基礎ではなく砂地盤上に直接建物が乗っていた。上部構造に被害らしきものは見られず，大きく傾斜した棟でもあけたてができるほどであった。石原・古賀はこのアパートのすぐ傍で地盤調査を行い，それをもとに液状化解析を行っている[11]。図 3.28 に土質柱状図および標準貫入試験の N 値を示す。N 値は 5 m の深さで 5 程度，14 m の深さで 10 程度と緩く，細粒分の少ない砂が堆積し，地下水位も深さ 2 m と浅かった。液状化の解析結果によると，深さ 3 ～ 13 m 付近の層が液状化したと推定されている。

なお，新潟市内で沈下した中層ビルの沈下量は大変大きく，1 m を超すものが多くあり，

46　　　3. 地震災害

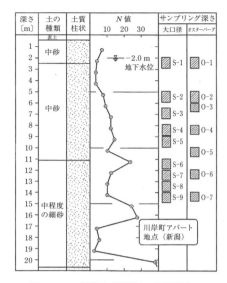

図3.28　新潟市川岸町の地盤調査結果（石原ら[11),12)]による）

最大で3m近くも沈下したものもあった。

別の直接基礎の構造物の被害として，石油タンクも沈下・傾斜した。新潟には昭和石油と日本石油の二つの製油所があった。そのうち昭和石油ではスロッシングによってタンクが被災し，大火災を起こした。一方，日本石油では，図3.29に示すように，液状化によってタンクが沈下・傾斜する被害が発生した。ただし，新しく造られたタンクはバイブロフローテーション工法で地盤を締め固めてあったため，被害を受けなかった[13)]。

杭基礎の構造物の被害では，信濃川に架かっていた道路と鉄道の橋梁が甚大な被害を受けた。最も大きな被害は昭和大橋である。この橋は橋長303.9 m，12径間の鋼単純桁で，橋台・橋脚の基礎には鋼管杭が使用され，6月6日から開催された国民体育大会に間に合わせるように，地震の約1か月前に完成したばかりであった。図3.30に示すように，中央から左岸側の4径間と右岸側の1径間が落橋した。地震後に引き抜かれた鋼管杭は，杭先端から4mより上部が曲がっていた。地盤調査データによると，図3.31に示すように，標準貫入試験におけるN値が10前後の緩い粗砂層が厚く堆積していた。被災状況の詳細なヒアリングなどが行われた結果，地盤が液状化して杭の水平支持力が減少していたところに，70秒当りに変位振幅の大きな揺れがあったためと判断された[14)]。一方，この下流側の八千代橋では，図3.32に示すように，橋台が足元をすくわれるように川側に押され，杭基礎が曲がった。こ

図3.29　沈下・傾斜した石油タンク
（新潟市，渡辺隆博士提供）

図3.30　落橋した昭和大橋
（新潟市，渡辺隆博士提供）

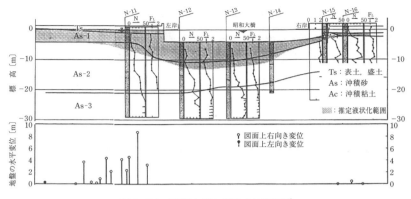

図 3.31 昭和大橋を通る土層断面[15]

図 3.32 八千代橋の被災状況
（新潟市，渡辺隆博士提供）

れは，液状化した左岸側の地盤が信濃川に向かって流動してきたためと考えられている。例えば，昭和大橋の左岸でも，図 3.31 の下部に示しているように，左岸側の護岸背後地盤が大きく流れ出し，最大 9 m もの水平変位が発生した[15]。このような大きな水平変位が左岸側一帯で発生したため，八千代橋の橋台の杭基礎が曲がったと考えられている。これに対し，同様に信濃川に架かっていた萬代橋は地盤の流動が発生したにもかかわらず大きな被害を受けなかった。萬代橋はニューマチックケーソン基礎で建設されたアーチ橋であり，周囲の地盤が流動しても構造上耐えたと考えられている。

〔2〕 河川堤防の被害事例

河川堤防は，地震のたびに沈下やすべりなどの大きな被害を繰り返し受けてきた。例えば，1891 年濃尾地震では，木曽川および長良川の堤防で大きな地割れや沈下が生じた。また，1923 年関東地震の際には，利根川や多摩川など多くの河川堤防が沈下などの甚大な被害を受けた。その後も多くの地震で被害を受けてきたが，液状化による構造物の被害が認識され始めたのが 1964 年新潟地震以降であったこともあり，河川堤防の被災のメカニズムなどに関してあまり研究が行われてこなかった。それに対し，1978 年 6 月 12 日に発生した宮城県

沖地震（M_j=7.4）では，北上川水系，鳴瀬川水系，名取川水系で甚大な被害が発生したこともあり，地震後に被災状況やメカニズムが詳細に調べられた。そして，名取川の種次堤防では地震応答解析が行われ，液状化によって堤防が被災したことが明らかにされた。ところが，その時点でも地震で被災した堤防の復旧の仕方は原型復旧が基本であり，地震対策を施して復旧することは行われていない。復旧にあたって地震対策を施すようになってきたのは，1995 年兵庫県南部地震以降といえる。

その後，2011 年東北地方太平洋沖地震（東日本大震災）では，東北地方から関東地方にかけての広い範囲で河川堤防が甚大な被害を受けた。国土交通省管轄の河川堤防だけでも，東北地方で 1 195 箇所，関東 939 箇所で被害を受けた。この地震は規模が大きかったため，このように広い範囲で多くの堤防が被災した。図 3.33，図 3.34 に被災事例を示す。被害の程度は，小さなクラック程度の軽微なものから，沈下，すべりといった甚大なものまであった。関東地方で大規模被害が発生した 55 箇所で地震後に被災原因を調べられた結果によると，液状化に起因して被害を受けたものが 51 箇所もあり，大規模な被害のおもな原因は液状化であることが示された。また，図 3.35 に示すように，液状化による被害は基礎地盤が液状化したものと，堤体土が液状化したものに分けられ，それぞれに対する対策工法が検討された。

図 3.33　東日本大震災における利根川堤防の被災例（千葉県）

図 3.34　東日本大震災における江合川堤防の被災例（宮城県）

（a）基礎地盤の液状化

（b）堤体土の液状化

図 3.35　河川堤防における液状化のパターン

〔3〕 下水道マンホールや管渠の被害事例

下水道マンホールの浮上りが大きく注目されたのは，1993年1月15日に発生した釧路沖地震（M_j=7.8）である。この地震では下水道のマンホールが，図3.36に示すように，人の背丈ほど浮き上がった。浮上りの原因解明のために，掘削調査を含む詳細な地盤調査が釧路町の被災現場で行われた。それによると，マンホールだけでなく下水道管も浮き上がっていた。地盤調査の結果によると，ここでは表土の下に3〜4m程度の泥炭層と粘土層があり，その下部に沖積砂層があった。そして，浮き上がった原因は原地盤の液状化ではなく，図3.37に示すように，下水道管やマンホールを建設した際に掘削して埋め戻した砂が液状化したためとわかった。

図3.36 1993年釧路沖地震で浮き上がった下水道マンホール（北海道，釧路町）

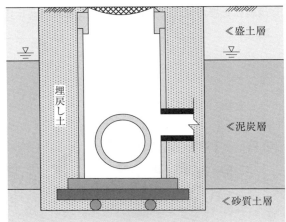

図3.37 埋戻し土の概念図

釧路沖地震から10年経った2003年9月26日に十勝沖地震（M_j=8.0）が発生し，下水道のマンホールが豊頃町と音別町で大きく浮き上がった。ただし，音別町では，町の東側ではマンホールが浮き上がったのに対し，西側では浮き上がらなかった。表層の地盤条件を比較してみると，東側は泥炭や粘土地盤であったのに対し，西側では砂礫地盤であった。また，

豊頃町でも海岸近くの大津地区では一つのマンホールを除いて浮上り量はあまり大きくなかった。ここでは表層に砂質土がおもに堆積していた。したがって，周囲の地盤の土質が浮上り量に影響していることがわかった[16]。

翌年の2004年10月23日に発生した新潟県中越地震（$M_j=6.8$）では，長岡市や小千谷市などで約1400個のマンホールが浮き上がるといった甚大な被害が発生した[16]。このため，下水道の使用制限を行わざるをえなかっただけでなく，マンホールの突出や路面の陥没によって道路交通障害が発生した。マンホールに自動車がぶつかった箇所もあった。このように，下水道のマンホールの浮上りは下水道や水道が使えなくなって生活に支障をきたすだけでなく，車両の通行障害を起こし，地震直後の救急活動にも影響を与えることもある。

〔4〕 岸壁・護岸のはらみ出しと背後地盤の流動による被害事例

1995年兵庫県南部地震では，図3.38に示すように，大阪湾岸の広い範囲で液状化が発生した。これはおもに六甲の山を削ったまさ土で海岸に埋立地が広く造成されてきていたうえに，ポートアイランドと六甲アイランドといった大きな人工島も造られていたからである。一部の重要な施設は液状化対策として地盤改良をしており被害を免れたが，液状化により橋梁，岸壁・護岸，中層建物，戸建て住宅，ライフラインなど多くの構造物が被害を受けた。中でも岸壁・護岸の被害は甚大で，図2.13に示したように，多くの岸壁・護岸が海に向かって数mもはらみ出し，沈下や傾斜した。図3.39は，岸壁・護岸の構造と被害状況を概念的に描いたものである。この地域では軟弱な海底地盤を掘削しそこを砂で置き換え，その上にケーソン式岸壁・護岸を造り，背後地盤を埋め立てていた。① 背後地盤が液状化したこ

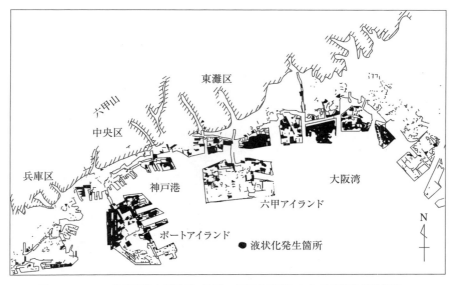

図3.38　1995年兵庫県南部地震（阪神・淡路大震災）による液状化発生箇所

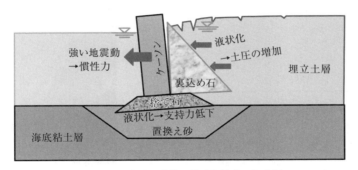

図 3.39 岸壁・護岸の構造と被害の概念図

とによる土圧の増加，② 置き換え砂の過剰間隙水圧が上がったことによる支持力の低下，③ ケーソンに加わった慣性力，に起因してこのような被害が発生したと考えられている。

さて，岸壁・護岸が海に向かって数 m はらみ出したため，**図 3.40** に示すように，液状化した背後地盤も広い範囲で海に向かって流れ出した。岸壁・護岸に平行に地割れも多く発生したため，石原らはその地割れ幅を測定し，背後地盤の変位分布を推定した[12),17)]。これが**図 3.41** であるが，流動した範囲は岸壁・護岸から 100 m 程度まで及んでいた。この**流動**による変位が発生した範囲では，液状化したための沈下や浮上りの被害に加えて，水平方向に地盤が大きく動いたための被害もつけ加わった。**図 3.42** に示す建物は護岸近傍に杭基礎で建てられていたが，杭が水平方向に変形して建物が傾いた。高速道路の橋脚や高圧ガスタンクでも，このように流動による杭基礎の変形により被害を受けた。また，直接基礎の建物も基礎が引き裂かれる被害が発生し，地中埋設管やコンビナートの地上配管も引っ張られる被害が発生した。

図 3.40 護岸背後地盤の流動（神戸市）

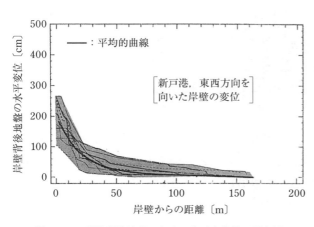

図3.41 岸壁背後地盤における水平変位量の測定例（石原[12]による）

図3.42 護岸背後地盤の流動によって傾いた建物（神戸市）

〔5〕 広い市街地での住宅や道路，ライフラインの被害事例

2011年東北地方太平洋沖地震では，東北から関東にかけて広い範囲の地盤が液状化した。そのうち，図3.43に東京湾岸における液状化発生区域を示す。東京湾岸では，江戸時代から埋立地が多く造られてきた。このうち震源に比較的近かった北東部の新しい埋立地が液状化した。この一帯は，戸建て住宅や中層マンションが立ち並ぶ市街地として利用されている。戸建て住宅，ライフライン，生活道路が液状化により被災し，多くの住民の生活に深刻な影響を与えた。

図3.43 東北地方太平洋沖地震（東日本大震災）による東京湾岸の液状化発生地区（関東地方整備局と地盤工学会とで共同して調査したもの）

国土交通省の調査によると，液状化により全国で26914棟が被災した（平成23年9月27日時点，津波により家屋が流出した場合などは上記被害件数に計上されていない）。内訳は千葉県18647棟，茨城県6751棟，…となっており，千葉県の被害の大半は浦安市や千葉市，習志野市などの東京湾岸の埋立地におけるものであった。図3.44に被災した住宅の例を示す。地盤が液状化すると戸建て住宅は地盤にめり込んで沈下し，さらに傾く。傾いた家の中にいると，めまいや吐き気がしてくるので，住民にとっては沈下量もさることながら傾き量が問題であった。そこで，表3.2に示すように，沈下量に加えて傾斜角をもとに被災度を判定する住宅に対する新しい被害判定方法が，地震後に内閣府から出された。

図3.44 液状化で沈下・傾斜した家屋（千葉県浦安市）

表3.2 東北地方太平洋沖地震の約2か月後に内閣府から出された新被害判定基準

分類		全壊	大規模半壊	半壊	一部損壊
判定基準	傾斜角	>50/1000	16.7/1000〜50/1000	10/1000〜16.7/1000	<10/1000
	沈下量	床上1mまで	床まで	基礎の天端25cmまで	

液状化した地区では，平面の生活道路も液状化により，① 図3.45に示す路面の突き上げ，② 多量の噴砂・噴水，波打ち・ずれ，が発生し交通障害が生じた。また，③ 杭基礎の建物では周囲の地盤と段差ができて車が車庫に入りにくくなった。さらに，④ 地震後しばらくしてから路面に陥没が発生する被害も生じた。このような被害は過去の地震ではあまり目立たなかったが，この地震で明らかになり，市街地では生活道路の被害にも留意する必要があることがわかった。

また，市街地なので上・下水道，ガス，通信のライフラインも甚大な被害を受けた。過去

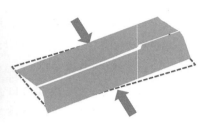

図3.45 突き上げた平面道路（千葉県浦安市）

の地震では見られなかった特異な被害も発生していた。その一つが，図3.46に示すような下水道マンホールのずれや下水管渠の蛇行，継手のはずれの被害である。これは，浦安市のように広い範囲で全面的に液状化した地区で発生した。この地震は巨大地震であり，地震動の継続時間が長かったため，地盤が液状化したあとも揺すられ続ける「揺動」が生じて，このような特殊な被害を与えたと考えられる[18]。

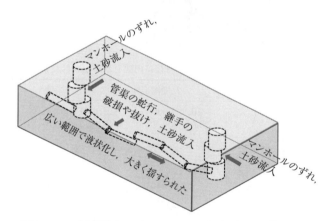

図3.46 下水道管およびマンホールの被害（安田ら[18]による）

3.3.3 液状化の予測と対策
〔1〕予 測 方 法

液状化の発生を予測する方法を大別すると，表3.3となる。

一般に液状化は，地表から10mとか20mまでの浅い層で発生する。この浅い層は，例えば数百年前といった比較的新しい時期に川が運んできた土砂や，人工的に埋め立てた土で形成されていることが多い。その中でも，3.3.1項で前述した液状化しやすい地盤の条件の①～③に該当する地盤と，そうでない地盤がある。該当する地盤は微地形によく対応してい

3.3 地盤の液状化

表 3.3 液状化予測方法の種類

推定内容	推定方法の概要	備考
液状化が発生する区域の定性的な推定	微地形分類や過去の液状化履歴をもとに推定	地震動の大きさに対応した定量的な推定はできない。
液状化が発生する層の定量的な推定	［詳細な方法］液状化試験と地震応答解析を行って推定	過剰間隙水圧の上昇と消散を考慮する有効応力法と考慮しない全応力法とがある。
	［簡易な方法］N値と粒度特性などから推定	一般の耐震設計基準類で用いられている。ただし，推定式は多種多様である。

るので，液状化が発生しやすい地区をおおまかに予測する方法として微地形分類図が用いられている。微地形ごとの液状化の発生のしやすさを分けると，表 3.4 のようになる。ただし，旧河道といえども砂礫のように液状化しにくい土が堆積しているものもある。また，液状化しやすい微地形でも地震の強さによって液状化するか否か異なったりするので，この方法だけで将来の地震に対する液状化の定量的な予測を行うのは困難である。また，液状化しにくい軟弱粘性土地盤であっても，家を建てたり電柱，埋設管などを設置する場合，図 3.47 の

表 3.4 微地形と液状化のしやすさの関係

液状化のしやすさ	該当する微地形
液状化しやすい	海岸や池・沼などの水面上に埋立や盛土した箇所，砂丘の内陸側のきわや砂丘間低地，自然堤防のきわ，旧河道，人工的に掘削・埋め戻した場所
場合によっては液状化する	一般の低地
液状化しにくい	山地や丘陵地・台地（ただし，谷部に盛土した箇所を除く）

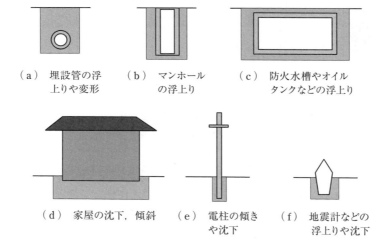

(a) 埋設管の浮上りや変形　(b) マンホールの浮上り　(c) 防火水槽やオイルタンクなどの浮上り

(d) 家屋の沈下，傾斜　(e) 電柱の傾きや沈下　(f) 地震計などの浮上りや沈下

図 3.47 人工的に盛土や埋め戻して液状化しやすいケース

ように,砂で盛土したり埋め戻すことがよく行われる。この砂が液状化して被害を生じることがしばしばあるので注意が必要である。

これに対して,地盤調査や土質試験結果を用いると液状化の発生のしやすさを定量的にかつ精度よく予測できる。特に,対象としている土をサンプリングして繰返し三軸試験などで液状化特性を求め,地震応答解析と組み合わせると,液状化の発生やそれによる構造物の被害の程度(例えば,建物の沈下量やマンホールの浮上り量)を定量的に評価できる。ただし,費用と手間がかかる。

そこで,これを簡易的にした方法として,図3.48に示すように,一般に地盤調査として広く行われている標準貫入試験のN値と粒度特性から液状化強度比Rを推定し,地震時に地盤内で発生するせん断応力比Lと比較して,**液状化に対する安全率(抵抗率とも呼ばれる)**F_Lを次式から求める方法が広く用いられている。

$$液状化に対する安全率 F_L = \frac{液状化強度比 R}{発生する繰返しせん断応力比 L} \tag{3.2}$$

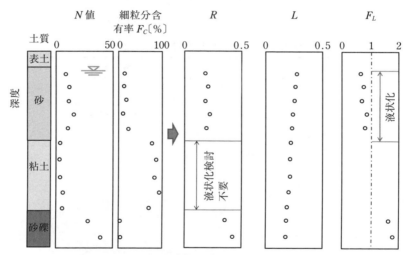

F_L:繰返しせん断抵抗率(液状化に対する安全率)$=R/L$,$F_L<1$だと液状化
R:繰返しせん断強さ比(液状化強度比)
L:地震によって発生する繰返しせん断応力比

図3.48 N値と細粒分含有率をもとにした液状化簡易判定方法

ただし,R,Lの推定方法にもいくつかあり,日本では構造物ごとに異なった方法が耐震設計基準類で用いられている。詳細は参考文献19)などを参照されたい。

さて,ある地盤内で液状化が発生するか否かはF_Lの深度分布で評価されるが,その場所における液状化の程度や構造物への影響は,この値だけでは評価できない。それを評価する指標の一つとして,図3.49に示す**液状化指数**P_Lがある。この値を用いるとある地域内で

3.3 地盤の液状化　57

$P_L = \int_0^{20} (1-F_L)(10-0.5Z)dZ$

ただし，$F_L>1$ の場合は $(1-F_L)$ は 0 とする。

P_L 値を用いた構造物の被害の判断
　$P_L<5$ ：液状化による被害は受けないと判断
　$P_L>15$：液状化による甚大な被害を受けると判断

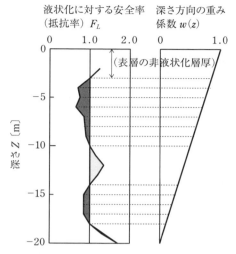

図 3.49　液状化指数 P_L により被害の程度を評価する方法

の液状化の危険度を定量的に示しやすいので，日本の多くの自治体で**液状化危険度マップ**の作成に用いられている。**図 3.50** に横浜市で作成されている液状化分布図を示す。これは将来の南海トラフ巨大地震に対して作成されているが，このうち○で示した地区では，同様

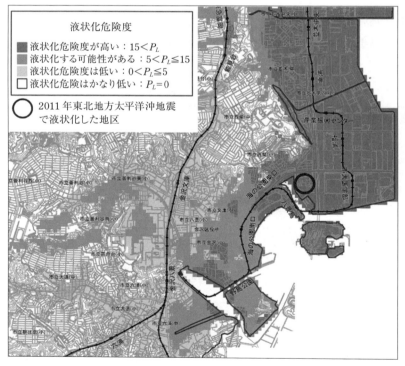

図 3.50　横浜市で作成されている液状化分布図[20]（南海トラフ巨大地震に対して）

の巨大地震であった2011年東北地方太平洋沖地震の際に震源から遠く離れていたにもかかわらず液状化が発生し，住宅団地に被害を与えた。

〔2〕 **液状化対策方法の種類と効果の考え方**

液状化による被害が世界で広く認識されるようになった1964年新潟地震を契機に，上記のような液状化の予測方法と同時に液状化対策方法も多く開発されてきた。それらは

① 液状化の発生を防止する方法
② 液状化が発生しても構造物が被害を受けないようにする方法（**構造的対策方法**と呼ばれる）

に大別される。①に関して開発されてきた工法を分類して示すと**表3.5**となる。密度の増大では地盤を締め固めて土粒子の噛み合わせを外れにくくする方法である。種々の密度増大工法があるが，そのうち，締固め砂杭工法が日本で最もよく用いられている。この場合は，**図3.51**に示すように，直径40 cm程度のケーシングを地盤に押し込み，その中に砂を投入し，ケーシングを少し引き上げて地盤内にその砂を残す。そして，再度ケーシングを押し込んで砂を横に広げる。そのときに周囲の地盤が締め固まる。このような引き上げ，押し込みを繰り返して周囲の地盤を締め固める。固結工法はセメントなどを土に混ぜて土粒子の噛み合わせが外れにくくする方法であり，高い液状化強度を得ることができる。間隙水圧の抑制は透水性の高い礫の柱などを地盤中に設けておいて，粒子の噛み合わせが少しはずれて過剰間隙水圧が発生したらそれをすぐに逃がして，土粒子の噛み合わせが完全に外れるのを防ぐ方法である。

表3.5 液状化の発生を防止する工法

改良原理	工 法
密度の増大	サンドコンパクションパイル工法（動的締固め，静的締固め），振動棒工法（通常型，吸水型），重錘落下方法，バイブロフローテーション工法，圧入締固め工法（コンパクショングラウチング工法など），バイブロタンパー工法，転圧工法，発破工法，群杭工法，生石灰工法，プレローディング工法
固結	深層混合処理工法，薬液注入工法，事前混合処理工法，高圧噴射撹拌工法
粒度の改良	置換工法
飽和度低下（地下水位低下）	ディープウェル工法，排水溝工法
間隙水圧抑制・消散	グラベルドレーン工法，人工材料系ドレーン工法，周辺巻立てドレーン，排水機能付き鋼材
せん断変形抑制	地中連続壁

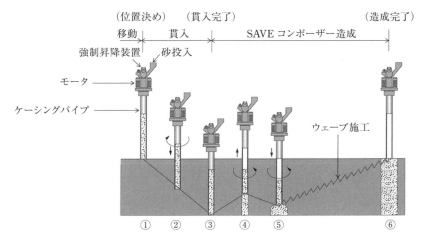

図 3.51 締固め砂杭工法(不動テトラ株式会社提供)

　一方, ②の方法も構造物ごとに種々のものが開発されてきた。例えば, 既設の下水道マンホールの浮上りに対し, 図 3.52 に示すように, コンクリート枠を載せて重くする工法が最近開発され使われるようになった。このように数多くの方法が考案されてきているが, ②では地盤は液状化するため, 構造物は沈下や浮上りを生じる。そのため, まず変形量の許容値(例えば, 許容沈下量)をあらかじめ設定しておき, 沈下量や浮上り量を解析などで求めて, 解析結果が許容値以内に収まるような設計(**性能設計**と呼ばれる)を行わないといけない。つまり, 液状化するか否かの判定だけでは対策効果がわからず, 液状化した場合の構造物や地盤の変形・変位量を定量的に予測する必要がある。

図 3.52 既設のマンホールの浮上り対策例
(シーエスエンジニアリング株式会社提供)

　このような性能設計方法は, ①においても, 例えば合理的に改良範囲を設計する場合に有効となる。また, 1995 年兵庫県南部地震を契機に導入されたレベル 2 の強い地震動のもとでは, ①による地盤改良を行っても液状化が発生することを完全に防ぎきれない場合もあるので, その場合にも導入するとよい。ただし, 導入にあたっては, まず, 液状化によって構

造物や地盤が変形・変位するメカニズムを理解しておくことが大切である。メカニズムが検討された例として，図3.53に示す大型の振動台を用いて戸建て住宅模型を載せた土槽を加振したとき[21]の建物の沈下量，周囲地盤の沈下量，周囲の地盤内の過剰間隙水圧の時間変化を図3.54に示す。加振は1分間行っており，過剰間隙水圧からわかるように周囲地盤は約5秒後に液状化し，15秒ごろから建物が大きく沈下し始め，26秒後に周囲の地盤から噴水が発生し始め，加振終了後に建物周囲から噴水が発生している。これから推察される沈下のメカニズムは，水が噴き上げて空洞化したところに建物が落ち込んで沈下するのではなく，図3.55に示すように，液状化によって地盤が軟化したために建物の荷重で直下の地盤を横に押し出しながら建物がめり込み沈下し，その後，地下水の噴き上げによる体積圧縮によって地盤全体が沈下するといったことである。

（a）26秒後に土槽の端から噴水発生

（b）34秒後におけるめり込み沈下状況

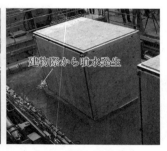
（c）70秒後に建物際から噴水発生

図3.53 大型振動台を用いた家屋模型の液状化実験

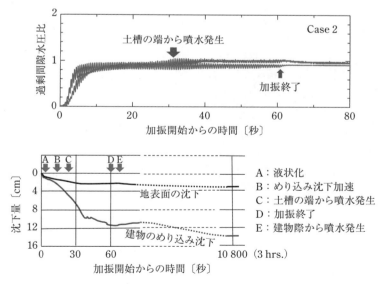

図3.54 建物の沈下量，過剰間隙水圧の時間変化

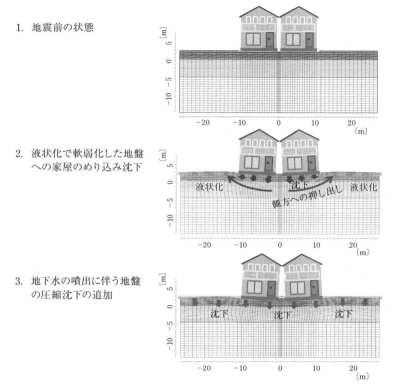

図3.55 液状化により建物が沈下,傾斜するメカニズム

なお,建物はめり込んでいくとともに傾く。その場合,2棟や4棟の建物が近接して建っていると,その相互作用によって図3.44に示したように,お互いに内側に傾くことも明らかになってきた。

〔3〕 既設の構造物の対策事例

既設の構造物に液状化対策を施した事例を模式化して図3.56に示す[22]。直接基礎の構造物に対しては,まずタンクヤード全体に対して地下水を下げた事例がある。個々の構造物では床に孔をあけそこからモルタルを注入して地盤を固化することや,周囲から斜めに孔をあけ薬液を注入して固化することが行われている。また,構造物周囲を鋼矢板などで囲むことも行われている。この方法では,液状化の発生をさせにくくすると同時に,構造物下の地盤が液状化しても側方に押し出されないため,構造物の沈下量が少なくなる。

杭基礎では増し杭をして補強することがよく行われる。高張力マイクロパイルを周囲に打設して補強することもある。兵庫県南部地震で被災した高架橋の基礎に対して,周囲の地盤を改良して補強することも行われた。

土構造物では,東海道新幹線の盛土ののり尻にシートパイルを打ちタイロッドで結んだの

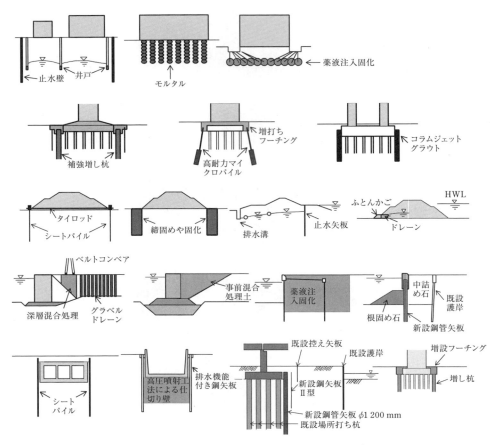

図 3.56 既設構造物の液状化対策事例の模式図（安田[22]による）

が，対策を施した最初であろう。直接基礎の沈下と同様に，土構造物下の地盤が液状化したとしても，側方へ押し出されるのを防ぐと沈下量も減少できる。河川堤防でもシートパイルを打設して側方への変形を抑えることが行われ，またのり尻部の地盤を締め固めたり，固化することも行われている。その他，八郎潟干拓堤防では，1983 年日本海中部地震の復旧にあたって，止水矢板と排水溝によって地下水位を下げることが行われた。

岸壁・護岸では背後地盤の改良として，岸壁に影響を与えないグラベルドレーンがよく用いられている。控え工などが複雑に配置されている場合には，薬液注入固化も用いられている。一方，東京の内部護岸ではゼロメートル地帯の地震水害を防ぐために，前面に鋼管矢板を新設し，根固めも施して補強する対策などが実施されてきた。

地中構造物のうち共同溝では浮上りを防ぐために，両側にシートパイルを打設することが行われてきている。このようにすると，直接基礎の沈下と同様のメカニズムで，液状化した土が構造物下にまわり込むことができなくなり，その結果として浮上り量を小さく抑えるこ

とができる。また，地下鉄のトンネル底部から孔をあけ，下部の地盤を改良することも行われている。

液状化に伴う地盤流動に対しては，1995年兵庫県南部地震で阪神高速道路の橋脚が甚大な被害を受けたため，その後首都圏と阪神地区の高速道路で対策がとられている。首都圏では，護岸と橋脚の間に鋼管矢板が打設され，阪神地区では増し杭が採用された。前者では液状化が発生しても橋脚位置における流動変位量を小さく抑えて杭基礎を守るとの考えであり，後者は液状化しさらに流動が発生しても杭に被害が生じないように強くする考えである。

〔4〕 市街地全体の対策

2011年東北地方太平洋沖地震で液状化によって被災した多くの市街地では，沈下・傾斜した家の中では生活ができないため，ジャッキなどで家を持ち上げて基礎を補修し，水平に載せ直す「**沈下修正工事**」が各住宅で行われた。ところが，沈下修正工事だけだと，将来の地震によって再液状化が発生し，再び被害を受ける危険性がある。生活道路やライフラインも再度被災する可能性がある。そこで，将来の地震に備えて，地区全体を液状化対策する「**市街地液状化対策事業**」が地震の8か月後に国土交通省により創設された。これは，ある地区内の道路や下水道などの公共施設と民間の宅地とを，一体化して液状化対策を施そうとするものである。この事業では二つの大きな課題があった。一つ目は技術的な課題で，既存の住宅地を家が建ったままでどんな方法で対策を施せるかである。地区全体の地下水位を下げる方法と，各戸の宅地を格子状に囲って地盤改良する方法が候補に上がり，検討が行われてきた。二つ目の課題は住民の合意形成である。この事業に必要な費用は公共施設を公費で賄う一方，宅地内は住民が負担する方式であり，そのため対象区域内の住民の合意が必要である。これらについて種々の検討が行われた結果，数都市で**図3.57**にイメージ図を示すような**地下水位低下方法**が選定され，工事が行われた。

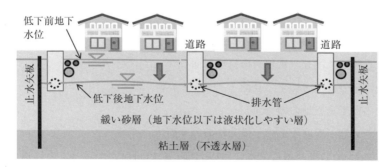

図3.57 地下水位低下方法による液状化対策

地区全体の地下水位を低下させる工法を適用するにあたっては，水位の適切な低下量，水位の低下方法，水位低下のための排水管や浅井戸の設置間隔，水位低下に伴う地盤の沈下量

の推定方法，稼働中の排水量と維持管理方法などを決める必要があり，各都市で被災事例の分析，解析，および実証実験が行われてきた。その結果，図3.57に示したように，道路の下だけ3m程度の深さに排水管を入れれば市街地全体の地下水位が下がることや，その程度地下水位を下げるだけでは圧密による地盤沈下量は小さいこと，また降水を排水する程度なので排水量も少ないこと，などが明らかにされてきた[23]。そして，図3.58に示すような工事が行われた。今後このような方法で予防事業として全国の都市で対策をとられることが期待されている。

図3.58 茨城県鹿嶋市における排水管の設置状況

なお，ニュージーランドのクライストチャーチ市でも2010年，2011年と続いた地震で広範囲にわたって液状化し，東京湾岸と同様に数多くの家屋が沈下し傾いた。こちらでは，甚大な被害が発生した地区はレッドゾーンとして指定され，集団移転が行われた。

3.4　自然斜面や造成斜面の崩壊

3.4.1　斜面崩壊の種類

斜面には，以下のような種類のものがある。
① 山地，丘陵地，段丘（台地）の自然斜面
② 道路や鉄道の盛土・切土のり面
③ 丘陵地の盛土造成地ののり面
④ ダムやため池，堤防などの土構造物ののり面

山地が国土の約70％を占める日本においては，①の斜面が至るところにあり，大地震のたびに必ずといってよいほど斜面崩壊が発生してきている。図3.59に過去の地震におけるマグニチュードと斜面崩壊数の関係[24]を示す。地震の規模が大きくなるにつれて崩壊数が多くなっている。さらに，海洋型地震に比べて内陸型地震のほうが崩壊数は多い。最大の

3.4 自然斜面や造成斜面の崩壊　　**65**

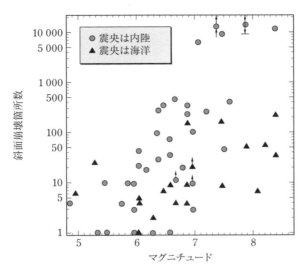

図 3.59　マグニチュードと斜面崩壊箇所数の関係
（芥川[24]による）

ものは 1847 年に長野県で発生した善光寺地震であり，崩壊数は約 4 万箇所に及んだとされている。このような自然斜面の崩壊の規模にも大小がある。図 3.60 に 1978 年 1 月 14 日に発生した伊豆大島近海地震（$M_j = 7.0$）の際に崩壊した斜面を示す。これは中規模といえる崩壊であったが，それでも崩壊土砂がバスを埋めて犠牲者を出した。一方，図 3.61 には日本における最大級の規模の崩壊を示す。これは 1984 年長野県西部地震（$M_j = 6.8$）による御嶽山の 8 合目付近の斜面で発生した。

図 3.60　中規模な斜面の被災例
（1978 年伊豆大島近海地震）

図 3.61　大規模な斜面の被災例（1984 年長野県西部地震）

②の道路や鉄道の盛土や切土斜面も日本には無数に存在する。近年建設される道路や鉄道では，建設時に盛土・切土のり面の安定性に考慮するようになってきている。それでも一般に降雨に対する安定性しか考慮されておらず，地震時の安定性は重要な箇所以外は考慮されてきていない。さらに，昔からある道路では，降雨対策が施されている箇所自体も限られている。盛土の安定性は盛土の形状（高さやこう配）や，盛土の特性（締固め度や土質），のり面工に，また切土の安定性は山の特性（岩質，風化の度合い）や，斜面工に左右され，さらに両者とも地下水位，地震動の大きさに影響を受ける。道路は昔から建設されてきており，このような影響要因を考慮できずに建設されてきているため，盛土，切土とも地震時に必ずといってよいほどすべりや沈下といった変状を生じてきている。図3.62 に 2007 年能登半島地震の際に能登有料道路で大きく崩壊した盛土斜面の例を示す。ここでは，盛土の中の地下水位が高かったことが被災原因の一つとして挙げられている。

③は 1968 年十勝沖地震の際に札幌市郊外の盛土造成地で被害が発生して以来，1978 年宮城県沖地震，1993 年釧路沖地震，2004 年新潟県中越地震，2011 年東北地方太平洋沖地震と，被害が多く発生するようになってきた。このように，日本で盛土造成地の被害が急増しているのは，1960 年代ごろから人口の増加と核家族化で都市の近郊の丘陵地に住宅地が数多く造成されてきたことによる。丘陵地のため，図 2.24 に示したように，小高い丘を削ってその土で沢部に盛土を行って住宅地にされてきた。その際の盛土の締固めや地山の処理，地下水位の排除方法などが不備であった盛土で，地震や豪雨により崩壊が発生してきているものである。

図3.62 道路盛土のり面の崩壊 （2007 年能登半島地震）　　**図3.63** 決壊した藤沼ダム（2011 年東北地方太平洋沖地震）

④のうち，近年建設されてきた電力用などのダムでは耐震設計が行われているため，日本では地震のときに特に甚大な被害は発生してきていない。それに対し，農業用ため池は 1 000 年以上も前から各地で造られてきており，最近のものを除いて耐震性に劣るため池が

多く存在する。そのため，大地震のたびに被害を受けてきている。図 3.63 に 2011 年東北地方太平洋沖地震で決壊した藤沼ダムを示す。この決壊によって貯水されていた多量の水が下流に流れて住宅地を襲い，7 名の方が亡くなり 1 名の方が行方不明となっている。ため池に類似した地震時に弱いダムとして，鉱さい集積場の鉱さいダムがある。これは鉱山において岩石を砕いて金や銅などの鉱物をとったあとの滓を堆積したところである。通常，岩石を砕いた砂で盛られ，また古いものは十分に締め固められていないため，地震によりときどき崩壊してきている。1978 年伊豆大島近海地震では，静岡県の伊豆山中の持越鉱山で液状化に起因して鉱さいダムが崩壊し，シアン化合物を含んだ鉱さいが，図 3.64 に示すように，狩野川に流出して汚染した。このほか，河川堤防の被害に関しては液状化による被害が多いので，3.3.2 項〔2〕で前述したが，類似のものとして干拓堤防の被害がある。図 3.65 に 1983 年日本海中部地震で被災した八郎潟干拓堤防の被災状況を示す。天端沈下量が 10 cm 以上の被害を生じた箇所は全堤防の 65％を占めた。

図 3.64　狩野川に流出した鉱さい（1978 年伊豆大島近海地震）

図 3.65　1983 年日本海中部地震で被災した八郎潟干拓堤防

3.4.2　斜面崩壊の事例
〔1〕　自然斜面の崩壊事例

1984 年長野県西部地震によって 400 数箇所で**斜面崩壊**が発生した。崩壊の大部分は表層滑落型の小規模崩壊であり，過去 2 万年間に形成された渓谷沿いの急斜面もしくはその上位の遷急点付近で発生した。これに対し，伝上川上流部，滝越，松越，御岳高原では大規模な崩壊が発生し，合計 29 名に及ぶ犠牲者を出した。これらの大規模崩壊はすべてすべり面が深く，数万年前以前に形成された U 字谷を埋積していた厚さ数十〜百数十 m の火山性噴出物や湖成層が滑動したものである。これらのうち最大の伝上川上流部で発生した「御岳崩れ」と呼ばれる大崩壊は，風化した軽石層がすべり面となって約 3 400 万 m³ の火山性堆積物が崩れ落ち，それが途中で川の水を巻き込みながら伝上川と濁川を 70 〜 100 m/s 程度の猛ス

ピードで約 13 km ほど下り，王滝川に合流したところで止まって川を埋めた。このため，伝上川の途中にあった温泉宿にいた人と王滝川沿いの道路を走っていた人が犠牲となった。図 3.66 に崩壊した斜面に沿った地質断面を示す[25]。ここには千本松軽石層と呼ばれる厚さ 1～2 m の風成未固結の降下軽石層が堆積し，その上を溶岩が覆っていた。この軽石層が数万年の間に風化してきていたうえに，斜面下端部を川が横切って侵食していたために，地震動が作用してすべったと考えられている。一方，図 3.67 に松越地区の崩壊状況を示す。ここでは，地震後に詳細な地盤調査，土質試験，すべり安定解析が行われた結果，中生層の粘板岩の上に堆積していた軽石層が風化して弱くなっていたところに，地震動が加わってすべったと考えられている。また，長野県西部地震ではすべらなかった隣接する斜面も調査したところ，過去にすでに崩壊していたため，この地震ではすべらなかったことも明らかにされた。つまり，松越地区では過去から斜面崩壊が発生してきており，崩壊せずに残っていた斜面がこの地震で新たに崩壊したともいえる。

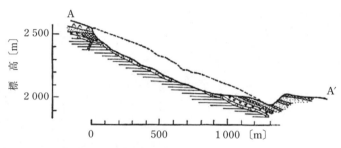

図 3.66　御岳崩れの推定断面図（籾倉ら[25] による）

図 3.67　松越地区の崩壊状況

2004 年新潟県中越地震では，非常に強い地震動を受けた山古志村（現，長岡市）で，図 3.68 に示すように，多数の斜面が大崩壊した。そして，芋川沿いの 5 箇所で崩れた土砂が河道を閉塞して，**天然ダム**（土砂ダム）が形成され，その上流にせき止め湖ができた。せき止め湖

3.4 自然斜面や造成斜面の崩壊　　69

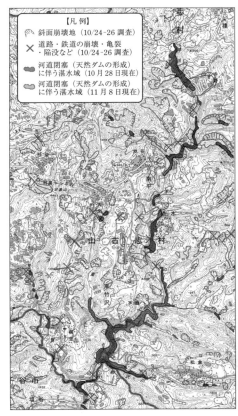

図 3.68 新潟県中越地震により山古志村で崩壊した斜面（国土地理院[26]による）

図 3.69 天然ダム発生箇所での河道掘削状況

はそのままにしておくと水がしだいに溜まってきて，そのうちに天然ダムを乗り越えて流れ始める。そして越流が始まると一気に天然ダムが壊れて，溜まった水と一緒に一気に土石流となって，下流の町などを襲う危険性がある。そこで，応急的にホースで上流の水を下流に流したり，天然ダムを開削して水路を造り，せき止め湖の水位を上げないようにする応急措置がとられた。そして最終的に，**図 3.69** に示すように，水路が建設された。なお，前述した御岳山や後述する栗駒山の大崩壊はいずれも火山性堆積物で覆われた斜面の崩壊であり，風化していた火山性の軽石や火山灰などがすべり面になっていた。それらに対し，この山古志村の斜面は砂岩と泥岩の互層で形成されており，**図 3.70** に見られるように，流れ盤になっている箇所で層に沿ってすべっていた。山古志村は北北東から南南西にかけて分布する東山丘陵に位置するが，この丘陵は隆起によって形成され**褶曲構造**になっている。その背斜（上に凸）斜面が流れ盤となっており，豪雪地帯でもあることから山古志村には地すべり地が多い。その地すべり地が強い地震動を受けて崩壊したものが多かった。

図3.70 山古志村での流れ盤に沿った斜面崩壊（株式会社朝日新聞社のヘリコプターに同乗して撮影）

図3.71 岩手・宮城内陸地震による荒砥沢の大崩壊（株式会社朝日新聞社のヘリコプターに同乗して撮影）

2008年6月14日に発生した岩手・宮城内陸地震（$M_j=7.2$）でも斜面崩壊が多数発生した。最も大きかったのは，図3.71に示すように，荒砥沢ダム上流の崩壊である。ここでは最大幅約810 m，流出も含めた最大長さ約1400 m，最大滑落高さ約140 mの大崩壊が発生した。また，栗駒山の山頂近くのドゾウ沢源頭部では，図3.72に示すように，最大幅約300 m，長さ約200 m，最大厚さ約30 mの崩壊が発生した。崩壊土量は約150万 m^3 と非常に大きなわけではなかったが，崩壊した土砂がドゾウ沢を土石流となって下り，約4.8 km下流にあった駒の湯温泉を襲った。そこでは，土石流が流れてくる前に対岸の斜面が運悪く崩れ河道を埋めていたようで，それに土石流がせき止められて温泉宿を襲ったと考えられている。地震時にはドゾウ沢源頭の崩壊部は残雪をかぶっており，崩壊した土は水で飽和していたと考えられる。

図3.72 岩手・宮城内陸地震によるドゾウ沢源頭部での崩壊（株式会社朝日新聞社のヘリコプターに同乗して撮影）

〔2〕 高速道路盛土の被害事例

道路は区分に応じて規格が決められているため，低い規格の道路盛土は地震時に被害を受けやすいのは仕方がないが，高規格の高速道路でも非常に強い地震を受けると被害が生じることもある。関越自動車道は2004年新潟県中越地震の際の震央となった新潟県長岡市川口を通るルートであったため，非常に強い地震動を受けて被災した。図3.73にルートを示す。この地域は前述した山古志村がある東山丘陵の南南西に魚沼丘陵が連なっている。その東側に魚野川が谷川岳西麓一帯から流れてきて，新潟県魚沼市堀之内から川口の間で魚沼・東山丘陵を横切って，川口で西側の信濃川に合流し，新潟県小千谷市あたりから越後平野に流れ出している。この地形の変化に応じ，図3.74に示す以下の三つのタイプの被害が高速道路盛土に発生した[27]。

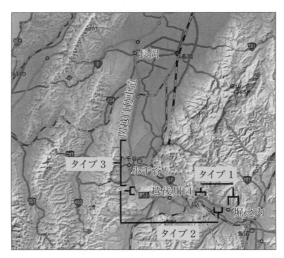

図3.73 2004年新潟県中越地震による関越自動車道の被災区間

タイプ1：東山丘陵と魚野川と間の斜面上に盛土された区間で，川のほうに向かってすべりが発生した。地下水は斜面側から流れてきて盛土内に入っていた。

タイプ2：山本山トンネルを抜けて越後平野に入るところで盛土が沈下した。地盤は締まった砂礫地盤でカルバートは沈下せず，数十cmの大きな段差が発生した。

タイプ3：小千谷市から長岡市の越後平野で盛土が沈下した。地盤は軟弱であったためカルバートも沈下し，また側方に引っ張られた。そのため，カルバートと盛土，および周囲の地盤との間に段差が生じた。

この地域において観測された地表ピーク加速度と震央からの距離の関係図（**距離減衰**と呼ばれる）を作成し，その図をもとに盛土が沈下した箇所の地表ピーク加速度を推定して，盛土の沈下量との関係をプロットしたのが図3.75である[28]。この図に見られるように，

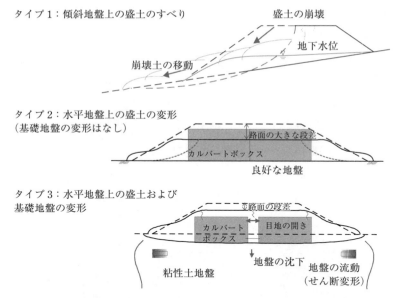

図3.74 関越自動車道における被害の三つのパターン（地盤工学会[27]による）

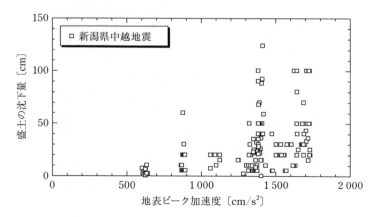

図3.75 新潟県中越地震における関越自動車道の盛土の沈下量と地表ピーク加速度の関係（安田ら[28]による）

600 cm/s² 付近から沈下が生じ始め，地表ピーク加速度が大きくなるにつれて盛土の沈下量が大きくなっている。900 cm/s² あたりから特に大きくなっており，1400 cm/s² を超えるぐらいになると被害が甚大なものになっている。このように高規格の道路盛土でも非常に強い地震動を受けると沈下を生じてしまうことがある。

高速道路の盛土のほかの被害例として，2009年8月11日に発生した駿河湾地震（$M_j = 6.5$）による東名高速道路の牧之原地区での盛土の崩壊がある[29]。この地震によって，**図3.76**に示すように，上り線の盛土が高さ約28 m，長さ80 m，幅40 mにわたって崩壊した。この盛土は昭和40年代前半に建設されたものであり，それまで大きな災害を経験したことはな

3.4 自然斜面や造成斜面の崩壊　73

図3.76　駿河湾地震による東名高速道路の被害

図3.77　風化した盛土材の泥岩

かった。被災後に詳細な地盤調査や土質試験，解析が行われた結果，① のり面の崩落は盛土内で発生した，② この箇所は道路横断方向に凸，道路縦断方向に凹の地山形状で水が集まりやすい地形・地質条件であった，③ 崩落箇所の地下水位は当時高かった，④ 盛土の下部には風化しやすい泥岩が，上部には良質な砂礫が使用されていた，⑤ 建設時には規定どおりに盛土は施工されていたことが判明した。そして，盛土下部に使用された泥岩が長年の水の作用により強度低下（**スレーキング**と呼ばれる）するとともに，透水性が低下し，その結果，盛土内の地下水位が上昇し，今回の地震が誘因となり崩落が発生したものと推定された。また，硬い尾根状の地山の上に被せるように盛土されており，地震時に盛土部が大きく揺すられたのではないかとも推定された。図3.77に崩壊箇所で採取した盛土材に使われていた泥岩を示す。風化により粘土化していた。一般に，盛土は施工後に交通荷重で締まったりして強くなると考えられているが，このように盛土材料や地下水位の状況によっては，施工後に弱くなっている盛土も存在することもある。

〔3〕　盛土造成地の被災事例

2011年東北地方太平洋沖地震の際には，岩手県から茨城県にかけて数多くの盛土造成地が被災した。特に，仙台市での被害が甚大で，5 728箇所（2013年7月発表時点）の宅地が被災し，造成地内の道路・ライフラインも被害を受けた。このうち仙台市の南光台における盛土・切土の分布と宅地や上下水道の被災箇所[30]に後述するパターンを追記したものを図3.78に示す。南光台は1962～1985年にかけて造成された。1978年宮城県沖地震の際にも，切盛境の段差などで住宅やライフラインが被害を受けていた。東北地方太平洋沖地震では，以下の種類の盛土の変状が発生したと考えられている[31]。

　［パターンA］：のり面の崩壊
　［パターンB］：切盛境の段差や揺れの違い（図3.79参照）
　［パターンC］：本・支谷合流地点の大きな揺れ

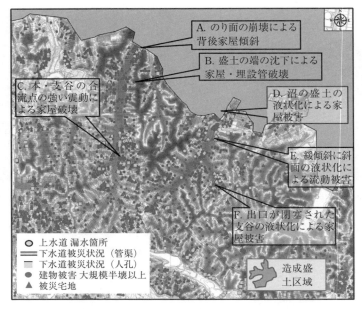

図3.78 南光台における切盛地図と各種構造物の被害箇所
（地盤工学会[30]に追記）

図3.79 切盛境の段差による家屋・埋設管の被害

図3.80 仙台市青葉区折立5丁目の被害

［パターンD］：沼に埋め立てた土の液状化

［パターンE］：緩やかな傾斜地盤の液状化に伴う流動

［パターンF］：地下水が浅い箇所での盛土の液状化

仙台市内の他地区の事例として，図3.80に折立における住宅の被害を示す。ここは昭和40年代に谷に盛土をしたひな壇状の造成宅地である。盛土の滑動によってブロック状に地盤が下方に移動し，住宅が甚大な被害を受け，最下段の宅地の擁壁が大きく移動した。なお，この地区は，1978年宮城県沖地震のときには目立った被害はなかった。

以上のように宅地の被害の要因や形態はさまざまであったが，佐藤らはこれを表3.6に

表3.6 仙台市の造成宅地の地震被害要因と形態（佐藤ら[32]による）

被害要因	被害形態
（a）谷埋め型盛土の滑動に起因 （b）腹付け型盛土の滑動に起因 （c）切盛境界に起因 （d）のり面の安定性不足に起因 （e）擁壁の安定性不足に起因 （f）緩い盛土状態に起因 （g）地盤の液状化に起因	① 滑動崩落・変形被害（全体すべり，ひな壇すべり） ② 沈下被害（揺すり込み沈下，液状化による沈下） ③ 擁壁被害（擁壁の安定性不足による変状）

示す七つの被害要因と三つの被害形態に分類している[32]。

なお，甚大な被害宅地箇所では盛土の N 値が 0 ～ 4 程度で締固め度が 85% 以下の非常に緩い状態にあったことや，一部の地域では地下水位が地表面下 1 ～ 2 m 程度と非常に高かった，といった特徴を佐藤らは挙げている。

〔4〕 **鉱さい集積場の被害事例**

東北地方太平洋沖地震では，大谷（興北）鉱山萱刈堆積場，高玉鉱山銭神堆積場，足尾鉱山源五郎沢堆積場の 3 箇所で鉱さい集積場が崩壊し，集積物が流出して一部の民家や河川，鉄道，田畑への流入被害が発生した。そのうち，萱刈堆積場は宮城県気仙沼市の海岸から約 2 km ほど山中に入ったところに位置している。図 3.81 に集積場の位置および崩壊範囲を示す。ここは金，銀，ヒ素，銅，硫化鉄を産出する鉱山で，1951 ～ 1966 年にかけて鉱さいスライムが集積されていた。図 3.82 に示すように，築堤方式は**内盛式**で，基礎堤（かん止堤）の上に 7 段ほど嵩上げされ，嵩上げ高さは 21.6 m であった。図 3.82 と図 3.83 に示すように，地震で基礎堤上部ののり面が幅 120 m，長さ 180 m ほど崩壊し，スライムが約 1 km 下流まで流出して河川，田畑，住宅 2 戸に流入した。河川の水質汚濁（鉛，ヒ素）も一時発生したが，幸い人身被害はなかった。なお，集積場の崩壊していない平場部で噴砂が

図 3.81 東北地方太平洋沖地震による萱刈堆積場の被害

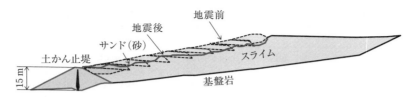

図 3.82 萱刈堆積場の断面（文献39）に加筆）

図 3.83 萱刈堆積場の崩壊状況

確認されている。地震後に被災原因および対策を施した復旧方法の検討のために，詳細な地盤調査，土質試験，解析が行われた。それによると，この箇所の地震力が大きく，また地震動の継続時間も長かったため，基礎堤背後から平場部に至るほぼ全域でスライム層が液状化し，斜面部で液状化に伴う流動が発生したと考えられている。

3.4.3 斜面崩壊の予測と対策

〔1〕 自然斜面の崩壊の予測と対策

2章で述べたように，山地の地質や硬さは多種多様である。硬さによって崩壊のしやすさは異なってくるのは当然の考えであるが，日本においてはそんなに明瞭ではない。というのは，地震活動が高く，降水量の多い日本では，地震や豪雨のたびに斜面が崩壊し，現在の斜面こう配は常時でぎりぎり崩壊しない角度になっており，硬い地質の斜面では急こう配，軟らかい地質の斜面では緩こう配になっているため，両者とも地震や豪雨で崩壊しやすい状況にさらされているからである。また，低地の地盤に比べて山地では地盤調査はあまり行われず，表層地質図くらいしか予測に役立つ資料は入手できない。そのため，ある地域における自然斜面の崩壊危険箇所を把握するのは困難である。

それでもなんらかの方法で予測することが自治体などで行われている。図 3.84 に東京都における急傾斜地などの斜面崩壊危険度の分布例[5]を示す。ここでは4章に示すように，降雨に対して危険とおおまかに判断されている「急傾斜地崩壊危険箇所」データに震度分布を考慮し，各危険箇所の危険度ランク，人家戸数を求めている。そして，崩壊確率を考慮し

3.4 自然斜面や造成斜面の崩壊

図 3.84 東京都で想定している斜面崩壊危険度の分布（東京都[5]による）

表 3.7 神奈川県方式による斜面崩壊数の推定方法（神奈川県[33]による）

推定方法

（1）メッシュサイズ：500 m × 500 m

（2）斜面の形状の分類：

① ② ③ ④

（3）計算方法：右表における各要因の W_i を合計

$W = W_1 + W_2 + W_3 + W_4 + W_5 + W_6 + W_7$

（4）総合評価方法：合計した W をもとに各メッシュ内で発生する斜面崩壊数を下記の表で推定

W		2.93	3.53	3.68	
ランク	A	B	C	D
メッシュ内の崩壊斜面数（500 m × 500 m）	0	1～3	4～8	9～

要因	カテゴリー	W_i
（a）地表最大加速度〔cm/s²〕, W_1	0～200	0.0
	200～300	1.004
	300～400	2.306
	400～	2.754
（b）メッシュ内における平均標高の等高線の長さ〔m〕, W_2	0～1 000	0.0
	1 000～1 500	0.071
	1 500～2 000	0.320
	2 000～	0.696
（c）メッシュ内における最大と最小の標高の差〔m〕, W_3	0～50	0.0
	50～100	0.550
	100～200	0.591
	200～300	0.814
	300～	1.431
（d）地質, W_4	土	0.0
	軟岩	0.169
	硬岩	0.191
（e）メッシュ内の断層長さ〔m〕, W_5	なし	0.0
	0～200	0.238
	200～	0.710
（f）メッシュ内の人工斜面の長さ〔m〕, W_6	0～100	0.0
	100～200	0.539
	200～	0.845
（g）斜面の形状, W_7	①	0.0
	②	0.151
	③	0.184
	④	0.207

て崩壊地における建物全壊率を求め，250 m メッシュごとに全壊棟数が推定されている。

　一方，机上の資料調査で得られる地震動や斜面形状などの要因をもとに，地震時の斜面崩壊危険地区を推定する方法もいくつか開発されてきている。例えば，**表3.7**は神奈川県で開発された方法[33]を示している。この方法では，斜面形状や地質よりは地震動のウェイトが大きくなっている。

　さて，国土の約70％が山地のわが国には無数の自然斜面があるため，自然斜面の地震対策を施すことは不可能に近い。特に，大崩壊に対してはまず予測自体が困難である。一方，小規模な崩壊に関してはある程度予測ができる場合もあるが，対策を施すには多大な費用がかかって現実的に不可能に近い。このため，地震に対して対策を施された自然斜面は少ない。これに対し，場合によっては道路のつけ替えやトンネルに変えるといった対策も行われる。図3.60に示した1978年伊豆大島近海地震で山腹の道路が寸断した区間では，従来の道路の外側に，**図3.85**に示すループ構造の七滝高架橋が建設された。また，2016年熊本地震の際，阿蘇大橋付近では大崩壊を生じて国道と鉄道を埋めてしまったが，国道に関してはここを避けて阿蘇外輪山をトンネルで抜ける新しい道路が建設されつつある。

図3.85　建設されたループ構造の七滝高架橋

〔2〕　**道路や鉄道の盛土・切土の被害予測と対策**

地震や豪雨に対する盛土の安定性は，一般に円弧すべり面を仮定して，**図3.86**中に示

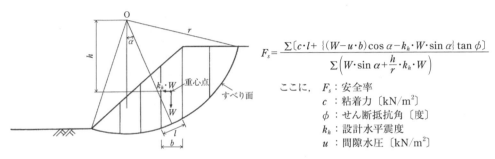

$$F_s = \frac{\sum [c \cdot l + \{(W - u \cdot b)\cos\alpha - k_h \cdot W \cdot \sin\alpha\} \tan\phi]}{\sum \left(W \cdot \sin\alpha + \dfrac{h}{r} \cdot k_h \cdot W\right)}$$

ここに，　F_s：安全率
　　　　　c：粘着力〔kN/m²〕
　　　　　ϕ：せん断抵抗角〔度〕
　　　　　k_h：設計水平震度
　　　　　u：間隙水圧〔kN/m²〕

図3.86　円弧すべり面法による安定計算方法

した式によってすべりに対する安全率を求めて評価される。さらに，詳細な評価方法として，揺れとともにすべっていく量を推定したり，すべりではなく沈下量を推定する方法も開発されてきている。ただし，路線が非常に長いので，定量的ではなく定性的に抽出する点検方法も開発されてきている。

一方，切土斜面に関しては，風化した表層がすべる場合にはすべり面を直線と仮定した安定解析を行うことができる。ただし，風化層の調査は簡単ではなく，計算による定量的な評価より地震時に不安定そうな盛土を定性的に抽出する点検方法がよく用いられている。

さて，かつては，道路や鉄道の既設の盛土・切土の対策は豪雨に対するものがおもで，地震に対する対策までは行われていなかった。ところが，最近は重要な既設の盛土・切土に対しても地震対策として補強が行われるようになってきた。既設盛土の対策としてはアンカー打設によるすべりの抑止，水抜きパイプの設置やのり尻へのふとんかごの設置による盛土内水位の低下，のり面保護工による表層のすべりの防止といった方法がある。また，既設切土の対策としてもアンカー，水抜き工，のり面保護工の設置といった方法がある。

道路盛土のり面の対策事例として，図 3.87 に前述した地震で崩れた東名高速道路盛土において対策を施して復旧した断面を示す。ここではグラウンドアンカーや抑止杭などを用いて対策を施し，レベル 2 地震動に対してその効果を調べるために，詳細な検討も行われている。図 3.88 にすべり変位量の解析結果を示す。大変強い地震動を受けても 33 cm 程度の変位量にとどまり，対策効果があるとの結果になっている。

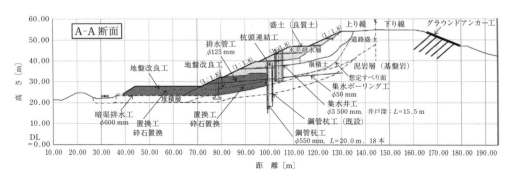

図 3.87　東名高速道路の復旧断面（菅[29]による）

東京の御茶ノ水駅付近の昌平橋～水道橋間約 1.2 km では，中央線の既設鉄道盛土に対し，首都直下地震対策関連工事の一環として，棒状補強材を用いる地山補強土工法で耐震化が行われてきた。図 3.89，3.90 に御茶ノ水駅区間での工法の説明と工事中の風景を示す。また，同区間の駿河台側の切土部分に関してもアンカーを打って耐震補強工事が行われた。

〔3〕 盛土造成地の被災予測と対策

3.4.1 項で前述したように，最近盛土造成地の地震時の被害が急増してきた。これに対し，

80　3. 地震災害

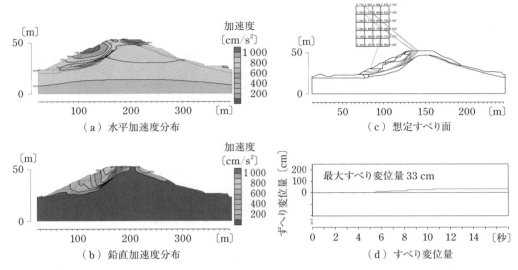

(a) 水平加速度分布

(b) 鉛直加速度分布

(c) 想定すべり面

(d) すべり変位量

図 3.88 東名高速道路で対策を施して復旧した断面でのすべり変位量の解析結果（中村ら[34]による）

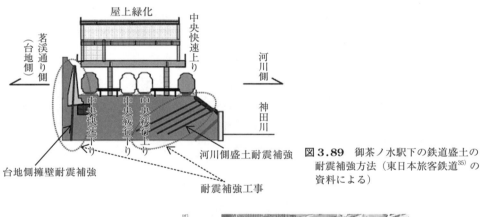

図 3.89 御茶ノ水駅下の鉄道盛土の耐震補強方法（東日本旅客鉄道[35]の資料による）

図 3.90 御茶ノ水駅下の鉄道盛土の耐震補強工事風景

3.4 自然斜面や造成斜面の崩壊

2004年新潟県中越地震による被害を契機に，地震時の被害も対象にして宅地造成等規制法が2006年に改正になった。これに伴い，大規模盛土造成地の変動予測の調査手法および対策に関するガイドラインが国土交通省から出された[36]。丘陵地の造成宅地は1960年代ごろから日本の各地で造られてきたが，どこにどのようにして盛土したのかは記録がほとんど残っていない。そこでガイドラインでは，**図3.91**に示すように，まず盛土を行って造成したところの位置と規模の把握を行う第1次スクリーニングから始めるようになっている。この調査では造成前後の空中写真や地形図を比較することによって盛土箇所と規模が抽出される。**図3.92**に横浜市で公表されている例を示す。横浜市では3558箇所もの大規模盛土造成地が存在することが明らかになってきている。続いて，第2次スクリーニングでは盛土区域において詳細な地盤調査を行い，そのデータをもとにのり面の安定計算を行い，対策工の必要性を検討する。ところが，上記のように，抽出された盛土造成地の数が多いと，第2次スクリーニングをすべての箇所で行うのは不可能である。そこで，基礎資料を整理しただけでなく，さらに個々の造成地を現地踏査し，のり面や擁壁などの変状などをもとに，**図3.93**のフローで優先度を判断することとなっている。

図3.91 大規模盛土造成地の変動予測調査などの流れ（ガイドライン[36]の図を簡略化したもの）

盛土造成地のり面のすべりを止めるためには，4章の豪雨時の土砂災害で後述するような抑止工，抑制工，のり面工が地震に対しても有効である。東北地方太平洋沖地震後の復旧にあたっては，各地区の既設構造物の撤去状況や地盤条件などに応じて，抑止杭工（鋼管杭，矢板併用），網状鉄筋挿入工，固結工，アンカー工，鉄筋挿入工，暗渠工が用いられた。図3.78に示した南光台ののり面で実際にとられた対策方法を**図3.94**に示す。ここでは，横ボーリング工で盛土内の地下水位を下げてすべりを抑制し，グラウンドアンカー工と土留め工ですべりを抑止し，のり面にのり枠工を設けてのり面の変状を抑えている。**図3.95**に仙台市によって描かれた折立5丁目の対策工断面図の下流部の2/3を模式化したものを示す。ここでは，全体の滑動崩落は各ひな壇部の基礎部に設置した固結工によって抑止し，固結工は基盤岩に定着させるようにされた。さらに，各ひな壇の変形は擁壁背面を固化材盛土工や網状鉄筋挿入工で抑止するようにしてある。

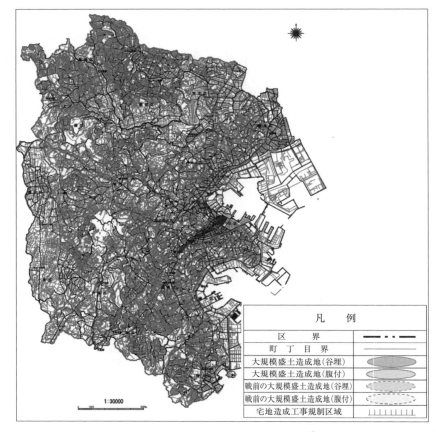

図 3.92 横浜市の大規模盛土造成地（横浜市[37]による）

〔4〕 鉱さい集積場の点検方法と対策

　鉱さい集積場の技術基準としては，1954 年に堆積場建設基準が制定されていた。ただし，1978 年に発生した伊豆大島近海地震による持越鉱山の被害を受けて，1980 年に液状化に対する対策の追加改正が行われた。そこでは液状化の判定方法などが示された。そしてそれをもとに，1978 年から全国の許可堆積場を対象に総点検が行われ，不備などが把握されたものについては改善措置がとられてきていた。

　これに対し，東北地方太平洋沖地震で 3 箇所の集積場が大きな地震動で被害を受けたため，地震後に集積場技術指針の見直しの検討[39]が行われた。そして，内盛り式スライム集積場で，浸潤水位が浅く，集積量が多いとか直下に人家などがあって流出によって被害をもたらすおそれがある集積場については，大規模地震動における安定性検討を行い，耐震性能を満足することとされた。これに従って，該当する集積場の点検が行われてきている。

　さて，対策工法としては，押さえ盛土による安定化，固結工法による改良，水抜き工法による地下水位低下といったような工法がある。前述した東北地方太平洋沖地震で被災した萱

3.4 自然斜面や造成斜面の崩壊

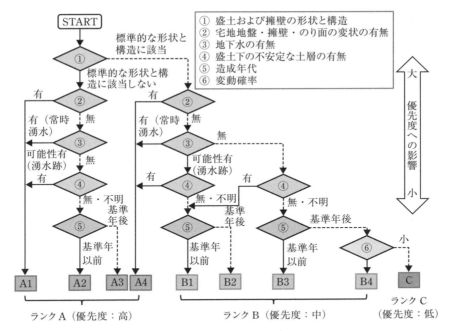

図3.93 優先度の評価フロー（ガイドライン[36]の図を簡略化したもの）

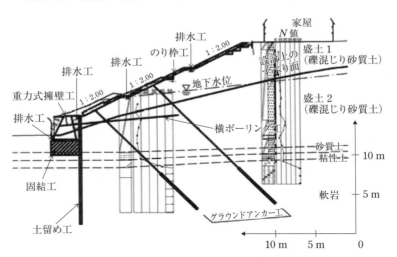

図3.94 東北地方太平洋沖地震で被災した南光台ののり面の復旧にあたってとられた対策工法（塚田ら[38]による）

刈堆積場では復旧にあたって，**図3.96**に示すように，既設かん止堤の背後のスライムを改良し，かん止堤上に石塊を積む対策が施され，そこに新規に鉱さいを堆積させていく方法がとられた。

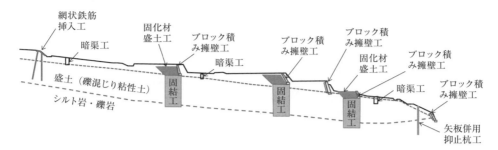

図 3.95　折立 5 丁目のり面の復旧にあたってとられた対策工法

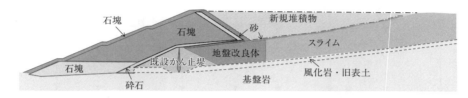

図 3.96　萱刈堆積場の復旧断面（JX 金属株式会社提供）

3.5　地表地震断層による被害

前述したように，1999 年に発生したトルコ・コジャエリ地震，台湾・集集地震では，それぞれ数 m の横ずれ，縦ずれが発生した。前者において，図 3.97 に示す箇所では，塀が約 4 m ずれたが塀は倒れていなかった。また，後者で断層によって被害を受けた烏渓橋の取り付け部の状況を図 3.98 に示すが，ここでは中央分離帯の突き上げが生じているものの，奥に見える建物は震動で壊れた様子はない。このように，**地表地震断層**が生じる場合，逆断層の上盤側では一般に震動が大きく震動による被害に注意する必要があるようであるが，ほかの場合には震動よりは「ずれ」による構造物の被害に着目する必要がある。特に地表地震

図 3.97　トルコ・コジャエリ地震で横ずれ断層によって約 4 m ずれたが倒れなかった塀

図 3.98　台湾・集集地震で縦ずれ断層が発生した烏渓橋の取り付け部の状況

断層を横切る鉄道，道路，パイプラインは「ずれ」で被害が生じやすい．図3.99に集集地震の際に断層で大きな段差が生じた線路を示す．

図3.99　台湾・集集地震で縦ずれ断層により生じた線路の大きな段差

日本では活断層の位置が調べられ，図3.100のように地図に示されている．地表地震断層は同じ箇所で繰返し発生する場合が多いので，この活断層分布図を利用すると断層による

▶チベット高原に現れた横ずれ地表地震断層

　世界の屋根といわれるチベット高原で2001年に発生したクンルンシャン地震（$M=8.1$）では，約300 kmにわたって横ずれの地表地震断層が発生した．写真は標高約4 800 mのところでの断層を示す．この付近に人家はないが，ちょうど，中国の青海省西寧とチベットのラサを結ぶ青蔵鉄道（青海チベット鉄道とも呼ばれる）が建設中であった．この鉄道の最高地点は5 068 mであり，この断層が生じた地点から南のほうでは約5 000 mの高原を走っていくことになる．鉄道盛土が建設されている場所に行ったところ，盛土に串刺しのようにパイプを設置したり，盛土表面に石を張るといった，不思議な実験をしていた．「青蔵高原研究基地」なる実験所で聞くと凍土対策とのことであった．ただし，この一帯は年中地盤が凍っている凍土地帯であり，凍結を防ぐ対策ではなく，凍土が融けないための対策とのことであった．硬い凍土の上に盛土していても，地球の温暖化のために凍土が融けると盛土に被害を与えるので，融けない工夫を模索しているとのことであった．

標高4 800 m地点で発生した断層

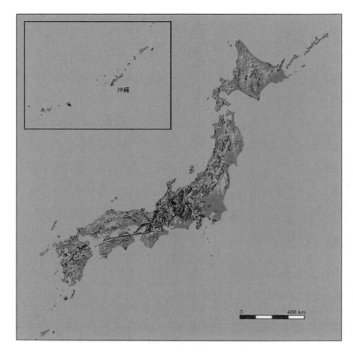

図 3.100 日本における活断層の分布（地震調査研究推進本部[3]による）

被害に留意する必要があるかどうか判断できる。ハザードマップにも地表地震断層の位置は入るようになってきており，さらに自治体の被害想定においても断層による被害の定性的な記述は盛り込まれ始めてきている。ただし，繰返し発生するといっても，例えば数千年といったようにその間隔は非常に長く，いつ発生するのかの予測が困難である。また，ずれの量も予測しにくい。このため，断層の「ずれ」による構造物への影響を定量的に推定するところまでは至っていない。今後，推定手法の確立が望まれるところである。

さて，地表地震断層の発生自体を止めることはできない。したがって，対策としては断層を避けるように構造物を移動させるか，ずれが生じても甚大な被害を受けないように工夫しておくといったことしかまだ考えられていない。図 3.101 にアラスカのパイプラインでと

図 3.101 ジグザグ工法による断層対策がとられているアラスカのパイプライン

られている対策を示す．このパイプラインは，断層によるずれと気温の変化によるパイプラインの伸び縮みに対して，ジグザグに曲げたパイプを設置して，対応するようになっている．

3.6 津波による被害

　津波が発生する原因としては，地震発生時に生じる海底地盤の隆起や沈降によってもたらせるものがおもである．ただし，山体の崩壊によって発生することもある．例えば，1792年に雲仙の眉山が山体崩壊し大量の土砂が有明海になだれ込んできた衝撃で10m以上の高さの津波が発生し，対岸の熊本県側にも多量の犠牲者が出た．この災害は「島原大変肥後迷惑」と呼ばれている．

　さて，地震による津波の高さは，一般に地震の規模が大きいほど高くなる．沖合から海岸に向かってしだいに水深が浅くなるので，津波の高さは海岸付近でさらに高くなる．また，湾に入ってくると湾の奥で波が集中して高くなることもある．さらに，川を遡上していくと津波が到達する標高は高くなる．このように地震の規模や海底の地形によって津波の高さは大きく異なってくる．

　日本の場合は太平洋プレートやフィリピン海プレートの沈み込みに起因して地震が発生し，それに伴って津波が発生するのがおもであるが，それだけでなく，1983年日本海中部地震や1993年北海道南西沖地震のように日本海側で発生する地震でも津波が発生し被害を生じてきている．さらに，1960年にチリのバルディビアで発生した巨大地震では，津波が太平洋を延々と伝播してきて，日本でも最大で6.1mの津波が三陸海岸沿岸を中心に襲い，日本の各地に被害をもたらした．

　日本では，昔からこのようにしばしば津波に襲われてきており，それに対する対策も施されてきていた．ところが，2011年東北地方太平洋沖地震では想定していなかった巨大な高さの津波が東北・関東地方の沿岸を襲い，種々の甚大な被害をもたらした．**図3.102**に各地で観測された津波高さの分布図を示す．岩手県から宮城県，福島県にかけて各地で10mを超え，最大で21.1mといった途方もない高さの津波が襲った．茨城県や千葉県でも5mを超す高さの津波が押し寄せた．これによってもたらされた被害の概要を示すと，以下のようになろう．

（1） **人的被害**　この地震による死者と行方不明者の合計は2万人弱とばく大な値であった．これらのうちの大半は，津波に巻き込まれたことによる水死や漂流物による圧死など，津波に起因している．

（2） **構造物被害**

① 海岸施設の破壊：津波防潮堤や海岸堤防が各地で破壊した．**図3.103**に岩手県田老

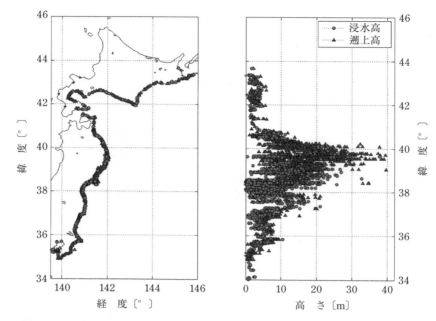

図3.102 東北地方太平洋沖地震による各地の津波高さ（東北地方太平洋沖地震津波合同調査グループ[40]）による）

図3.103 津波が乗り越えて破壊した津波防潮堤
（岩手県田老町）

町の津波防潮堤の被災状況を示す。田老町ではかつて津波のたびに被害を受けてきたので，海面からの高さが10mに及ぶ高い防潮堤が築かれていた。ところが，東北地方太平洋沖地震ではこの高さの倍近くの高い津波が押し寄せ，防潮堤は破壊された。

② 津波による構造物の流出：津波によって家屋やタンク，船などが流出・漂流した。可燃物が流失したことにより火災も発生した。図3.104に漂流したタンクを示す。また，図3.105に市街地全体の家屋が流失してしまった陸前高田市の様子を示す。さらに，図3.106にバスが建物の上に載ってしまった状況を示す。

図3.104 漂流したタンク（宮城県気仙沼市）

図3.105 津波で流失した街（岩手県陸前高田市）

図3.106 屋根の上に載ってしまったバス
（宮城県石巻市）

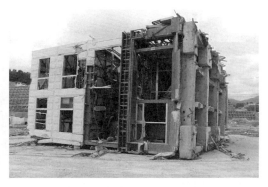
図3.107 津波で転倒したビル
（宮城県女川町）

③　津波による建物の破壊：**図3.107**に宮城県女川町で建物が転倒した様子を示す。津波が押し寄せると高い水圧が壁に当たり，このように転倒したり，転倒まで至らなくても壁が壊れる被害が多く発生した。

④　津波による機能の喪失：福島第一原子力発電所では津波によって電源を喪失した。このため，原子炉を冷却できなくなり，炉心溶融が発生し，大量の放射性物質が漏洩する重大な事故に発展した。下水処理場でも電気室への浸水により機能が停止したところがあった。

（3）　**社会への影響**　さまざまな社会への影響が発生し，解決に長期間かかる事項がたくさん発生した。放射性物質で汚染された広い地域で農作物・水産物に被害を与え，また発電所に近い地区では避難命令が解除できない状況が続いている。

　復興にあたって被災した低地部で復興を目指す都市では，将来の大きな津波に備え10 m超に及ぶ高盛土の造成や防潮堤の築造と一体的な整備が現在行われつつある。また，低地部を津波危険区域と指定し，住宅や都市機能を移転させる都市においては，後背地の高台を切り開き，集団移転を促進してきた。**図3.108**に陸前高田市で高盛土を造成している風景を

図3.108 高台の建設による復興状況
（岩手県陸前高田市）

示す。

さて最近では，将来発生する地震に対して，震源を設定し，それによって各地を襲う津波の高さや到達時間のシミュレーションが行われるようになってきた。また，東北地方太平洋沖地震での経験をもとに，南海トラフで発生する地震として四国沖や東海沖で連動して発生する巨大地震を想定し，巨大津波の発生の予測が行われるようになってきた。このように日本では押し寄せる津波の高さの予測が国や自治体によって行われるようになってきて，以下のような対策がとられつつある。

（1） 津波による浸水を防ぐための対策
① 海岸堤防や防潮堤の建設や嵩上げ
② 河川堤防の嵩上げ
（2） 津波が侵入しても人命や構造物の被害を防ぐための対策
① 高台への移転
② 津波の水圧に耐えうるように構造物を補強
（3） 津波が侵入しても人命を護るための対策
① 避難用のタワーなど避難場所の建設
② 避難経路の確保
③ 避難情報，避難計画の整備

ただし，南海トラフで巨大地震が発生した場合に，津波による被害の対象となる海岸線は非常に長く容易ではない。ハードな対策とソフトな対策とを組み合わせて地区ごとに有効な対策を施していくことが望まれている。

引用・参考文献

1) 気象庁：地震発生のしくみ
   http://www.data.jma.go.jp/svd/eqev/data/jishin/about_eq.html（参照：2018年7月）
2) 全国地質調査業協会連合会：日本列島の地質と地質環境
   https://www.zenchiren.or.jp/tikei/plate.html（参照：2018年7月）
3) 地震調査研究推進本部：防災・減災のための素材集
   https://www.jishin.go.jp/materials/（参照：2018年7月）
4) 地震調査研究推進本部地震調査委員会：地下構造モデルの考え方（2017）
   https://www.jishin.go.jp/main/chousa/17apr_chikakozo/model_concept.pdf（参照：2018年7月）
5) 東京都：首都直下地震等による東京の被害想定
   http://www.bousai.metro.tokyo.jp/taisaku/1000902/1000401.html.（参照：2018年7月）
6) 日本建築学会：阪神・淡路大震災調査報告 共通編-1 総集編，p.36（2000）
7) 安田 進，河邑 真，中村 豊，大町達夫，三村長二郎：1985年メキシコ地震による被害と地盤の関係（その1），土木学会第41回年次学術講演会講演集，Ⅲ，pp.33-34（1986）
8) 日本ガス協会：新潟県中越沖地震における都市ガス事業・施設に関する検討会同報告書（2008）
9) 吉田 望：地盤の地震応答解析，鹿島出版会，256p.（2010）
10) 安田 進，柳田 誠，清水謙司，渡辺尚志：新潟県中越沖地震におけるガス導管被害と柏崎平野の地盤特性との関係，第45回地盤工学研究発表会，pp.1319-1320（2010）
11) Ishihara, K. and Koga, Y.：Case studies of liquefaction in 1964 Niigata Earthquake, Soils and Foundations, **21**, 3, pp.32-52（1981）
12) 石原研而：地盤の液状化，朝倉書店，108p.（2017）
13) Watanabe, T.：Damage to oil refinery plants and a building on compacted ground by the Niigata Earthquake and their restoration, Soils and Foundations, **6**, 2, pp.86-99（1966）
14) Yoshida, N., Tazoh, T., Wakamatsu, K., Yasuda, S., Towhata, I., Nakazawa, H., and Kiku, H.：Causes of Showa Bridge collapse in the 1964 Niigata earthquake based on eyewitness testimony, Soils and Foundations, **47**, 6, pp.1075-1087（2007）
15) 浜田政則，安田 進，磯山龍二，恵本克利：液状化による地盤の永久変位の測定と考察，土木学会論文集，376，Ⅲ-6，pp.211-220（1986）
16) Yasuda, S. and Kiku, H.：Uplift of sewage manholes and pipes during the 2004 Niigataken-chuetsu earthquake, Soils and Foundations, **46**, 6, pp.885-894（2006）
17) Ishihara, K., Yasuda, S., and Nagase, H.：Soil characteristics and ground damage, Soils and Foundations, Special Issue on Geotechnical Aspects of the January 17 1995 Hyogoken-Nambu Earthquake, pp.109-118（1996）
18) 安田 進，石川敬祐，五十嵐翔太，田中佑典，畑中哲夫，岩瀬伸朗，並木武史，斉藤尚登：東日本大震災における浦安市の水道管被害メカニズムの解明，日本地震工学会論文集，**16**，3，pp.183-200（2016）
19) 地盤工学会：液状化対策工法，513p.（2004）
20) 横浜市：液状化マップ
    http://www.city.yokohama.lg.jp/somu/org/kikikanri/ekijouka-map/（参照：2018年7月）
21) 安田 進，平出 務，金子雅文，三上和久，尾澤知憲：薄鋼矢板を用いた液状化被害軽減工法の開発―1/4スケール振動台実験―，第14回日本地震工学シンポジウム講演集，pp.540-549（2014）
22) 安田 進：既設構造物の基礎と地盤の耐震補強，土と基礎，**56**，3，pp.1-5（2008）

23) 安田　進：市街地の液状化対策について，日本地震工学会誌，28，pp.18-23（2016）
24) 芥川真知，吉中龍之進：地震による斜面崩壊について，地学的特性を考慮した地震動災害予測の研究，文部省自然災害特別研究成果，A-55-1，pp.99-109（1980）
25) 籾倉克幹，安田　進，榊　祐介：長野県西部地震での被災例にもとづいた斜面崩壊予測手法の検討，土と基礎，33，11，pp.41-46（1985）
26) 国土地理院：平成16年（2004年）新潟県中越地震災害状況図
　　https://saigai.gsi.go.jp/niigatajishin/index.html（参照：2018年7月）
27) 地盤工学会：新潟県中越地震災害調査委員会報告書，518p.（2007）
28) 安田　進，横田聖哉，白鳥翔太郎，松本真吾：新潟県中越地震・中越沖地震における水平地盤上の盛土の沈下と地震動，第44回地盤工学研究発表会，pp.1387-1388（2009）
29) 菅　浩一：東名高速道路牧之原地区地震災害の復旧とその後の対応，土木技術資料，53-3，pp.38-41（2011）
30) 地盤工学会：東日本大震災合同調査報告，共通編3，地盤災害，p.128（2013）
31) 安田　進，佐藤真吾，石川敬祐：東日本大震災で被災した造成宅地における切盛地図を用いた現地調査，日本地震工学会・大会—2011梗概集，pp.26-27（2012）
32) 佐藤真吾，風間基樹，大野　晋，森　友宏，南　陽介，山口秀平：2011年東北地方太平洋沖地震における仙台市丘陵地造成宅地の被害分析—盛土・切盛境界・切土における宅地被害率と木造建物被害率—，日本地震工学会論文集，15，2，pp.97-126（2015）
33) 神奈川県：神奈川県地震被災想定調査報告書，pp.13-63（1986）
34) 中村洋丈，横田聖哉，菅　浩一，安田　進，太田秀樹：東名牧之原地区における盛土のり面災害の動的変形特性，第55回地盤工学シンポジウム，pp.205-212（2010）
35) 東日本旅客鉄道株式会社：JR中央線御茶ノ水駅バリアフリー整備等の本体工事着手について（2013）
　　https://www.jreast.co.jp/press/2013/20130902.pdf（参照：2018年7月）
36) 国土交通省：大規模盛土造成地の滑動崩落対策推進ガイドライン及び同解説（2015）
　　http://www.mlit.go.jp/toshi/toshi_tobou_tk_000015.html（参照：2018年7月）
37) 横浜市：大規模盛土造成地の状況調査について
　　http://www.city.yokohama.lg.jp/kenchiku/takuchi/takuchikikaku/news/morido/（参照：2018年7月）
38) 塚田　豊，門田浩一，金子俊一郎，東郷　智，植田誠司：被災した丘陵地造成宅地の復旧対策工法の選定における課題，第48回地盤工学研究発表会，pp.1675-1676（2013）
39) 経済産業省鉱業保安課：集積場管理対策研究会報告書（2012）
　　http://www.meti.go.jp/policy/safety_security/industrial_safety/oshirase/2012/06/240622-1.html（参照：2018年7月）
40) 東北地方太平洋沖地震津波合同調査グループ：東北地方太平洋沖地震津波に関する合同調査報告会予稿集（2011）

4. 風　水　害

　日本は多雨地帯に属すため降水量が多い。さらに，山地や丘陵地が多く斜面も多い。このため，豪雨による急傾斜地の崩壊や土石流，地すべりといった土砂災害が多発してきている。これらに対して予測や対策方法がこれまでに開発されているが，それでも危険な箇所が多いことや，山ぎわへの宅地開発が進んできていること，さらに気候の変動による集中豪雨の発生により被害は毎年のように起きている。また，降雨時の被害として氾濫も頻繁に生じている。日本は河川こう配が急なこともあり，大河川からの外水氾濫がときどき発生してきている。これに対しては堤防の強化が行われているが，延長が長いため十分な対策に至っていない。また，最近では集中豪雨が多くなってきたこともあり，都市内での内水氾濫も多発している。これに対しては，下水道施設の強化などの対策がとられつつある。

4.1　日本の降水の特徴と土砂災害，氾濫

　日本は**多雨地帯**に属している。年平均降水量は1 718 mmもあり，これは世界平均（880 mm）の約2倍に相当する。しかも，**図4.1**に示すように，日本の降水量は季節ごとの変動が激

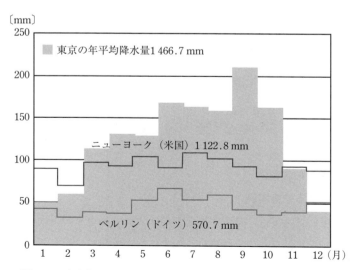

図4.1　東京とニューヨーク，ベルリンの降水量の季節変動の比較
（国土交通省[1]）による。1971年から2000年にかけての平均値）

しく，6〜7月の梅雨期と9月に雨が降り続く。さらに，6〜11月の間には台風がしばしば日本を襲い，短期的に多量の降水をもたらす。例えば，東京の月別平均降水量は，最多雨月の9月で208.5 mm，最少雨月の12月で39.6 mmと，その差は5倍に達する。

また，日本の国土は約70%が山地や丘陵地であり，急峻な斜面が無数に存在し，しかも山地や丘陵地が形成された時期が新しいものが多く，降雨で崩壊しやすい。そこで，毎年のように台風や豪雨による土砂災害が発生してきている。崩壊した土砂は土石流となって下流に被害を与えてきている。その他，地すべり地も多い。図4.2に示すように，これらの **① 急傾斜地の崩壊**，**② 土石流**，**③ 地すべり**を合わせて，**土砂災害**と呼んでいる。土砂災害にも小規模なものから大規模なものまで種々のものがある。

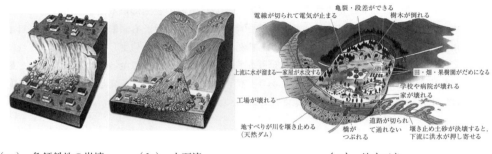

（a） 急傾斜地の崩壊　　　（b） 土石流　　　　　　　（c） 地すべり

図4.2　土砂災害の種類（国土交通省[2]による）

このような土砂災害に加えて，降水量が多いことと山が急峻なため，降雨時に河川に水が一気に流れ込み，**河川の氾濫**が生じやすい。昔から河川堤防の整備は行われてきてはいるが，それでも台風のたびに氾濫が発生している。さらに，最近は気候変動に伴って日本でも集中的に短時間に豪雨が降ることが多くなってきている。そして，都市内の下水の排水が追いつかず，河川の氾濫と違った**内水氾濫**が多発するようになってきた。

以下では，風水害を土砂災害と氾濫に分けて被災事例，予測，対策方法を述べる。

4.2　土砂災害

4.2.1　土砂災害の被害事例

〔1〕　斜面崩壊による被害事例

山地や丘陵地が多い日本では，豪雨が降るたびに大なり小なりの斜面崩壊は必ずといってよいほど発生する。小規模なものを**崖崩れ**，山の斜面が大規模に崩れる場合を**山崩れ**と呼ぶこともある。

小規模な斜面崩壊による被害の例として，2004年10月9日に首都圏を襲った台風22号

の際に，横浜市で京浜急行線のトンネル入口の上部斜面が崩壊した状況を図 4.3 に示す。この土砂の崩落のため京浜急行線がしばらく不通になった。東京都の四谷における外堀の斜面でも小規模な崩壊が発生し，斜面下を走る JR 中央線が一時不通になった。この台風では渋谷駅などで冠水も発生し，首都圏の機能が麻痺した。

一方，大規模な崩壊の例として，2013 年の台風 26 号で発生した伊豆大島の西側斜面の崩壊がある。図 4.4 に伊豆大島町で観測された時間雨量の推移を示す。10 月 15 日朝から降り始めた雨は 16 日に入ってから急増し，3 時から 4 時の間に最大時間雨量が 118.5 mm と猛烈な雨が降った。さらに，連続

図 4.3　豪雨による小規模な斜面崩壊

雨量も 824.0 mm にも及んだ。そして，16 日 2 時半ごろ土砂災害が発生した。これに対して 15 日夕方には大雨警報と土砂災害情報が出されたが，それでも死者 35 名，行方不明者 4 名の犠牲者を出し，全壊 46 戸，半壊 40 戸の住家被害も生じた。大崩壊が多く発生した地区を下から半年後に撮影した風景を図 4.5 に示す。この地区には元町から三原山に登る道路がつづら折り状に建設されている。道路沿いに撮った写真を図 4.6 に示すが，浅い層が大変幅広くすべっていた。この地区は 14 世紀に三原山が噴火した際に流れ出した溶岩の上に火山灰が堆積しており，その表層土がすべった。そして，狭い範囲に多くの表層崩壊が集中し，大量の泥流と流木が発生したと考えられている。

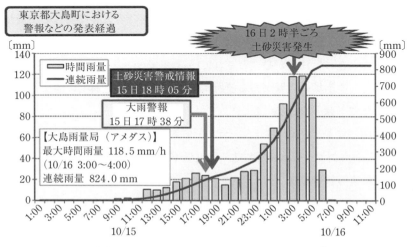

図 4.4　東京都の伊豆大島で観測された雨量（国土交通省[3] による）

図4.5 2013年の台風による伊豆大島の斜面崩壊

図4.6 表層がすべった様子

なお，上記は自然斜面での崩壊事例であるが，その他，道路，鉄道，宅地の盛土のり面が豪雨時に崩壊することもある。ただし，これらは人工構造物であり，その設計にあたって地震動は考慮してこなかった場合が多いものの，降雨に対しては被害を受けにくいように，のり面こう配や盛土高さを決め，排水設備を設けるなどの処置をしてきていることが多い。したがって本章では，道路，鉄道，宅地の盛土のり面の豪雨時の災害に関しては扱わないこととする。設計や対策の方法はそれぞれの設計基準類を参照していただきたいが，一般的に以下のような条件のときには注意が必要とされている。

① 地形に関して：崩壊の履歴がある箇所，地すべり箇所，斜面上に池などがある箇所
② 地盤に関して：軟弱な地盤
③ 盛土材に関して：火山灰粘性土・シラス・まさ土といった特殊な盛土材，泥岩・頁岩・凝灰岩でスレーキングや吸水膨張による強度低下する盛土材，トンネルズリ，建設発生土

〔2〕 **土石流による被害事例**

崩壊した多量の土石が谷に流れ込むと，水と土が混じって**土石流**となって猛スピードで下流へ流れていく。土石流がよく発生する箇所にカメラを設置して流れていく様子を撮影されたものによると，大玉石が先頭になって流れていっている。このため，流れていく途中にあ

る構造物を破壊する力も強大になる。図 4.7 に 2014 年に広島市で発生した土石流の発生箇所を示す。この地区には背後におもに花崗岩からなる高さ 500 m 程度の山があり，図 4.8 に示すように，細い沢が形成されていた。ここに最大時間降雨量 115 mm，総降雨量 243 mm の豪雨が降り，風化して「まさ土」になっていた斜面の表層が崩壊し，沢を土石流となって流れた。この地区には 1970 年代ごろから宅地開発が進み，沢の出口まで家が建てられていたことと，土石流発生が深夜だったので，図 4.9 に示すように，家屋は破壊され，77 名もの犠牲者を出した。なお，2018 年 7 月には西日本で豪雨が長期間連続して降り，広島県内でも広島市から呉市，東広島市など広い範囲で崖崩れや土石流，河川の氾濫による浸水被害が広域で多発した。ため池の決壊や，砂防ダムの壊れ，さらにダムの放流による下流側の被

図 4.7　2014 年に広島市で土石流が発生した箇所（国土地理院[4]による）

図 4.8　広島市の土石流災害を発生させた沢

図 4.9 広島市の土石流による
住宅の被害

害も発生した。ただし，2014 年に土石流が発生した地区においては，2018 年の豪雨では土石流災害は発生しなかった。

台湾は降水量が多く，日本と同様に高い山々が連なっているので，斜面崩壊と土石流が頻繁に発生してきている。特に，2009 年には世界最大級の土石流が発生した。このときはMorakot（モラコット）台風が台湾を横切り，3 日間で最大約 3 004.5 mm に及ぶ猛烈な豪雨が台湾の中部〜南部を襲った。このため，山岳地で無数の斜面が崩壊し，土石流となって流れ，下流では流れてきた土砂で河床が上がり，洪水が発生した。図 4.10 に示すように，土石流のために橋梁が甚大な被害を受けた[5]。斜面崩壊による橋梁の被害も合わせて，この台風で 52 の橋梁が被害を受けた。図 4.11 の地区では，彩虹山大佛の上流から土石流が流れてきて，大佛で両側に分かれて流れた。ここでは 8 月 8 日の午後 5 時〜6 時ごろに落石の音がし始め，その日の夜 9 時に土石流が発生した。住民の方は落石の音で避難していたため命は助かった。一方，図 4.12 にこの台風で最大の犠牲者約 450 名を出した小林村での被害状況を示す。ここでは 8 月 9 日の午前 6 時ごろに，まず村の北部において両岸で大規模な斜面崩壊が発生し，村の 2/3 を飲み込みつつ河川に天然ダムが生じた。天然ダムの高さは左岸側の崩壊により最大約 90 m 程度，右岸側の崩壊により最大 30 m 程度であった。左岸側

図 4.10　台湾の緑茂地域で土石流により被災した橋梁

図4.11 台湾の彩虹山大佛後背斜面の崩壊状況

図4.12 台湾の小林村の甚大な被害

の崩壊は，すべり深さ30～35 m，幅350 mm，長さ2.5 kmの大規模なものであった。このときに異常を感じた一部の住民（約50名）が高台に避難した。その後，午前9時ごろに天然ダムが崩壊し，村の残りの部分が飲み込まれた。そのため約400名が土砂に埋まってしまった。この台風による斜面崩壊はおもに堆積岩で形成された流れ盤で発生し，図4.13に示すように，風化した泥岩や頁岩，千枚岩がすべり面となった。

なお，台湾は台風に加えて地震によっても斜面崩壊が多く発生してきている。例えば，

図4.13 台湾の小林村で崩壊を生じた泥岩の流れ盤

4. 風水害

1999年集集地震の際の断層による被害は3.5節で述べたとおりであるが，この地震では大規模な斜面崩壊も各地で発生した。大甲渓沿いでは集集地震で被災した斜面がさらにその後の台風で大きく崩壊し，土石流が発電所，建物，道路，橋を襲って甚大な被害が発生した。このように地震を受けて崩壊した斜面の崩壊が豪雨で拡大したり，地震で緩んだ斜面が豪雨で崩壊するといった被害が台湾では多く発生してきている。日本でも，2004年新潟県中越地震で揺すられた斜面で，豪雨時に崩壊が発生しやすくなったとの報告もある。逆に降雨が続いているときとか，雪融けのときに地震が発生すると斜面崩壊が発生しやすく，豪雨と地震の相互作用に留意しておく必要がある。

▶風水害，地震のないシンガポールでの水対策

　フィリピンやインドネシアなど東南アジア諸国では，風水害や地震災害にしばしば見舞われてきている。その中にあって，シンガポールは台風に襲われず地震も発生せず，自然災害を受けない国である。東京23区と同程度の面積に約561万人（2017年現在）が暮らす大都会であり，象徴であるマーライオンは口から水を勢いよく噴き出している。ところが，昔から水不足が大変深刻な国でもある。これは国の面積が狭く高い山もないので，水源が少ないところに都市化が進んでいるからである。そのため，写真に示すように，隣国のマレーシアからジョホール海峡を横断して水道管が建設され，水を購入している。これに加えて，貯水池を増やす，海水を淡水化するといった対策がとられ，処理された下水をろ過して飲料水（ニューウォーター）にする，といったことまで行われてきている。

マレーシアとシンガポールを結ぶ水道管

〔3〕 **地すべりによる被害事例**

　地すべり地の定義は明確ではないが，ここでは一般に考えられているように緩やかな傾斜地盤が雪融けや降雨時にゆっくりすべることを指すこととする。このようなすべりがしばしば発生しているところを**地すべり地**と呼んでおり，図4.14に示すように，全国に存在する。その中でも新潟県から長野県にかけて地すべり地が多くある。この地域は豪雪地帯であり，毎年春の雪融け時に地下水位が上昇してすべることを繰り返している。地すべり地は独特の地形になっており，図4.15に示すように，上部に滑落崖，中央部に緩斜地，下部に末端

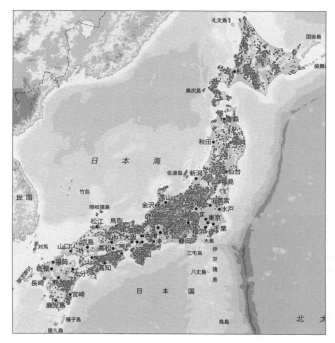

図4.14　日本の地すべり地の分布（防災科学技術研究所[6]による）

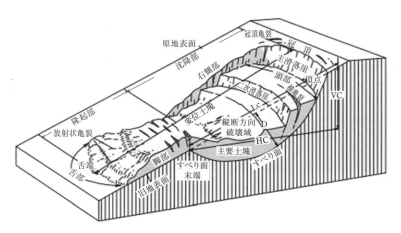

図4.15　地すべり地形（地すべり学会[7]による）

隆起部が形成されている。豪雨時にも地すべりが発生する。地すべりはゆっくり発生するので構造物には被害を与えるが，人命は助かることが多い。

大規模に発生し犠牲者も出た最近の事例として，1985年7月26日に長野市の地附山で発生した被害の位置を図4.16に示す。ここは数万年前の古い地すべり跡地であり，この比較的緩い斜面を利用してつづら折り状に有料道路が1964年に建設された。1981年3月の融雪期にこの道路に亀裂，段差，石積みの亀裂などの地すべりの兆候を示すすべりが発生した。その後，降雨時および融雪時に変状が拡大していたが，1985年の梅雨期に地すべりの動きが活発になって7月12日には道路の段差が大きくなった。そして，7月20日に降った集中豪雨で道路が幅30 mにわたって崩落した。続いて7月26日の午後5時ごろに図4.16に示したⅡブロックから大崩落が始まった。さらに，地すべりは斜面下流に位置する湯谷団地を襲った。5時30分ごろにはⅢブロックの崩壊が始まり，土砂は斜面を下り老人ホームに向かって押し出し始めた。そして，鉄筋コンクリート2階建ての老人ホームは基礎から持ち上げられて押しつぶされ，多数の犠牲者が出た。泥流の押し寄せる速度は老人がゆっくり歩く程度のものであった。5時35分ごろには地すべり中央部のⅣブロックが崩落を始め，崩壊した土砂は湯谷団地南部へ流下した[8]。図4.17に約1か月後に撮影した滑落崖の状況を，また図4.18に湯谷団地に迫っている状況を示す。

図4.16　長野市の地附山の地すべりが発生した地区（信州大学[8]をもとに作成）

図4.17 地附山の地すべりの滑落崖

図4.18 地すべりが湯谷団地に押し寄せた様子

4.2.2 土砂災害の予測と対策

〔1〕 斜面崩壊の予測と対策

　表層が層状に風化しているところに豪雨が降ったときにすべる場合，すべり面を直線と仮定すると，単純化して**図4.19**に示す式ですべりに対する安定性は計算できる。ただし，この安定解析などで土砂災害の発生箇所を定量的に精度よく予測することは難しい。これは，都市部と違って山地では地盤調査がほとんど行われておらず，計算に用いるせん断強度定数や表層崩壊を生じやすい風化層の厚さ，地下水位の分布がわからないためである。

　一方，広い範囲で用いることができる土砂災害の情報としては，斜面を構成する地質，斜面こう配，斜面高さ，斜面形状といったものがあり，さらに個々の斜面になると地下水の湧水状況，クラックなどの変状といった情報が得られる。これに降水量を考慮して崩壊危険性を定性的に評価する方法はいくつか開発されてきている。

　さて，日本では，都道府県が渓流や斜面およびその下流など土砂災害により被害を受ける

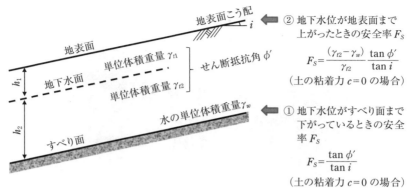

γ_{t2}を一般的な値の18 kN/m³と仮定すると，①に対して②のすべりに対する安全率F_Sは0.46倍となり，豪雨で地下水位が上昇すると安全率は低下する。

図4.19 表層が豪雨によってすべる場合のすべりに対する安全率

おそれのある区域の地形，地質，土地利用状況などについて調査して結果を公表し，土砂災害のおそれのある区域などを指定するようになってきている。土砂災害のうち急傾斜地の崩壊に関しては，**図4.20**に示すような区域が**土砂災害警戒区域**（通称，**イエローゾーン**と呼ばれる）に指定され，さらに「急傾斜地の崩壊等に伴う土石等の移動等により建築物に作用する力の大きさが，通常の建築物が土石等の移動等に対して住民の生命又は身体に著しい危害が生ずるおそれのある損壊を生ずることなく耐えることのできる力の大きさを上回る区域」が**土砂災害特別警戒区域**（通称，**レッドゾーン**と呼ばれる）に指定されている。

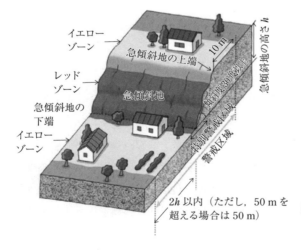

図4.20 急傾斜地の土砂災害警戒区域（国土交通省[9]による）

土砂災害の場合，災害といっても斜面崩壊などは自然現象であり，地震時の崩壊と同様に豪雨時にある程度発生するのは仕方ないといえる。また，斜面崩壊や土石流，地すべりを人工的にくい止めるのは難しいことが多い。そこで，まず土地利用を変更して，住宅や重要な交通路を警戒区域外に設けて，斜面崩壊などが発生しても甚大な被害を受けないようにする

ことが有効な対策といえる。また，雨量と崩壊危険度には関係があるため，ある値以上の雨量になったら車両の通行規制を行う道路もある。

ただし，日本には山地が多く至るところに警戒区域があり，また利用できる国土が狭いので，土地利用を変更することは容易でない。そこで，人工的にくい止める対策を施す必要が出てくる。その場合，対策費用は膨大にかかるため，優先度を決めて順に対策していくことが行われている。急傾斜地の対策工は，抑止工，抑制工，斜面保護工に大別される。それぞれの対策効果と具体的な工法は以下のとおりである。

①　抑止工：斜面の崩壊を直接くい止める方法

擁壁を設けて崩壊をくい止める方法，斜面に鉄筋を挿入して表層の崩壊をくい止める工法（**図4.21**），さらにアンカーを深く挿入して斜面のすべりをくい止めるグラウンドアンカー工（**図4.22**），杭でくい止める方法などがある。自然斜面に鉄筋を挿入しさらにワイヤーで結ぶ工法で対策を施した事例を**図4.23**に示す。

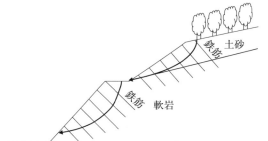

図4.21　鉄筋を挿入する工法

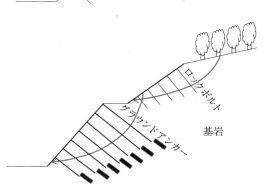

図4.22　グラウンドアンカー工法

②　抑制工：すべりにくくする方法

図4.19中の式からもわかるように，地下水位を下げるとすべりに対して安定するため，水位を下げる方法が広く用いられている。この方法にも，①上流から流れてくる表面水や地下水をすべりが予測される斜面内に入れないようにする地表水排除工と，②地下水遮断工に加え，横（水抜き）ボーリングなどを設けて地下水を排除させる地下水排除工がある（**図4.24**）。

図4.23 鉄筋を挿入しワイヤーで結んだ対策事例

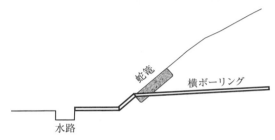

図4.24 横ボーリング工による地下水排除工

③ **斜面保護工**：のり面の安定を保つ方法

落石防止ネット，落石防止柵，モルタルによる吹付け，コンクリートのり枠による抑え（図4.25）など多数ある。このうち，モルタル吹付工は岩盤斜面の風化を防ぐ目的で，日本では数十年前から数多くの斜面に適用されてきた。ところが，年月を経ると岩盤表面と吹付けの間に地下水位が入り込み浮いた状態になって，図4.26に示すように，豪雨や地震などで崩れるケースが生じ始めてきている。

図4.25 コンクリートのり枠工で対策している例

図4.26 地震で吹付斜面が崩壊した事例

〔2〕 土石流の予測と対策

　土石流の発生のしやすさは，谷の形状（こう配や幅，長さ，断面形など），地質，豪雨の強さなどに影響され，発生の予測が難しい。ただし，あまり強くない降雨強度でも小規模ながら土石流の発生兆候が表れた場合には，強い降雨強度のときに土石流が発生しやすいと考えてよいであろう。

　さて，土石流に対する土砂災害特別警戒区域と土砂災害警戒区域は，**図4.27**に示すように指定されている。土石流の影響を軽減するためのハードな対策としては砂防ダムの建設がある。前述した2014年に発生した広島市の土石流に対し，図4.9の被災箇所に建設された砂防ダムの例を**図4.28**に示す。一方，ソフトな対策としては土石流が流れると予測される箇所から住宅などを移転する方法がある。

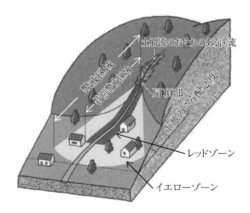

図4.27　土石流地の土砂災害警戒区域
　　　　　（国土交通省[9]による）

図4.28　広島市の土石流被害箇所に建設された砂防ダム

〔3〕 地すべりの予測と対策

　図4.15に示したように，地すべり地は地形に特徴がある。また，毎年雪融けのときなどに少しずつすべっていて，地すべりの場合には場所を特定できることが多い。地すべりに対する土砂災害特別警戒区域と土砂災害警戒区域の範囲は，**図4.29**に示すように指定されている。

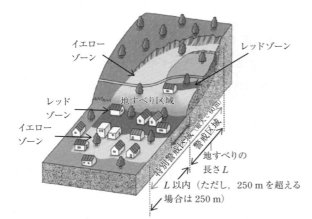

図 4.29 地すべり地の土砂災害警戒区域（国土交通省[9]による）

地すべりに対する対策としては，図 4.30 に示すように，地下水位を低下させてすべりを抑制する方法と，図 4.31 に示すように，抑止杭などですべりをくい止める方法がある。前述した長野市の地附山の地すべりに対しては，復旧にあたって，深礎工・アンカー工・鋼

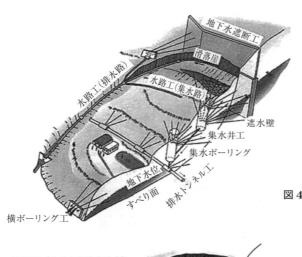

図 4.30 抑制工による地すべり対策（国土交通省[2]による）

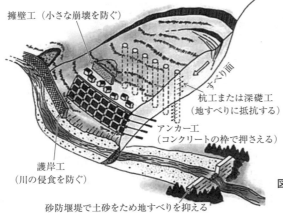

図 4.31 抑止工による地すべり対策（国土交通省[2]による）

管杭工などの抑止工と集水井・排水トンネルなどの抑制工で対策がとられた。そのうち集水井の設置状況を図 4.32 に示す。

図 4.32　長野市の地附山での対策で設けられた集水井

4.3　氾　　　　　濫

4.3.1　氾濫の種類

　国土交通省によると，山地から発する河川の場合，海外の河川は平常時の流量より洪水時の流量が，英国のテムズ川で 8 倍，ドイツなどを流れるドナウ川で 4 倍，米国のミシシッピ川で 3 倍となっている[1]。これらに対し，関東平野を流れる利根川では 100 倍，中部地方の木曽川では 60 倍，近畿地方の淀川では 30 倍と多く，日本の河川は総じて，平常時と洪水時で河川の状況は大きく変貌する。また，日本の山々は急峻で，本州の背骨には 3 776 m の高さの富士山をはじめ，2 000 m から 3 000 m 級の山脈がその中央に連なり，その山々から発した川が太平洋側と日本海側に向かって流れ，海に注いでいる。長さが最大の信濃川でも 367 km しかなく，図 4.33 に示すように，日本のほとんどの河川は流路延長に比し川床こう配が急で，大陸を流れる川と違い一気に流れ下る川が多い。流域面積も小さく，強い雨が降ると急に河川が増水し，短時間に洪水のピークに達することとなる。このように，日本では山地から海に向かって流れている河川が多数存在し，降水量が多く，かつ河川流量の変化が激しく，河床こう配も急なため，河川の氾濫が発生しやすい状況にある。そのため，氾濫被害を防ぐために，川の両側に堤防を築いて流路を制御し，上流部にダムを設けて流出量の調整をし，さらに中流・下流部に遊水地を設けて流量調整をするといった対策を昔から行ってきた。それでも河川からの氾濫による洪水を完全に防ぐことは難しく，近年でもときどき洪水被害を生じてきている。

　さらに，近年は地球の温暖化に起因して，図 4.34 に示すように，日本では短時間に集中豪雨が襲うようになってきている。このため，都市内において集中豪雨を下水道施設で排

110　　4. 風　水　害

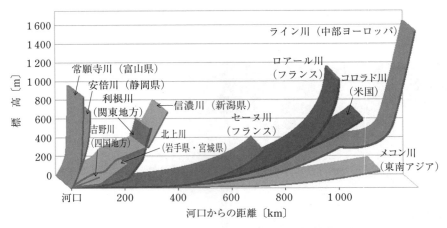

図 4.33　日本と海外の河川距離とこう配の比較（国土交通省[1]による）

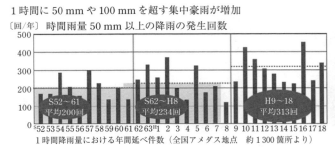

平成 16 年 10 月　横浜駅周辺の浸水状況

平成 17 年 9 月　妙正寺川（東京都中野区）

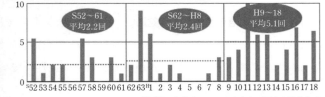

図 4.34　集中豪雨の発生回数の経年変化（国土交通省[10]による）

水しきれず，洪水が発生するようになってきている。これは**内水氾濫**と呼ばれ，上述した河川からの氾濫は**外水氾濫**と呼ばれる。

4.3.2　外水氾濫の事例と対策

2 章で述べたように，日本の低地のほとんどは河川が運んできた土砂が堆積してできている。例えば，**自然堤防地帯**では河川の両側に自然に堤防が形成されてきているが，豪雨時にはこれを越えて氾濫が起きることが繰り返されてきた。したがって，「水を治める者は国を治める」との言葉のように，河川の氾濫を防ぐことは昔から社会の重要な課題であった。日

本では近年になって自然堤防上に嵩上げして堤防を強化したり，河川の流路を変えるために堤防を新たに建設したりして，氾濫が生じないように河川整備が進められてきている。

河川堤防では，各河川の状況に応じて，図4.35に示すように，水防団待機水位から氾濫注意水位，出動水位，避難判断水位，氾濫危険水位，計画高水位が設定されている。そして，河川の整備にあたっては，計画高水位に余裕高を加えた高さまで堤防を嵩上げすることが行われてきている。ただし，河川堤防の延長は非常に長いため，なかなか整備が追いついていないのが現状である。このため，ときどき氾濫が発生してきている。

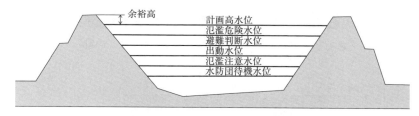

図4.35　河川で設定されている水位

関東地方で非常に広い範囲で洪水を発生したのは1947年カスリーン台風による利根川堤防からの氾濫である。図4.36に示すように，このときは氾濫した水が5日かけて東京の下町まで流れていった。図4.37には1974年に多摩川堤防が決壊した様子を示す。このときは取水堰に起因して堤防が決壊し，付近にあった住宅が川に飲み込まれる被害が発生した。復旧にも長時間かかった。

2015年の台風18号により鬼怒川下流の堤防が決壊し，下流の茨城県常総市の広い範囲に洪水の被害が及んだ。この復旧にあたっては被害状況の把握から地盤調査，解析など詳細な調査が行われ，復旧工法が選定された。まず，決壊当時の降水量および河川水位が調べられた。その結果，鬼怒川のちょうど上空に**線状降水帯**が形成され，図4.38に示すように，決壊箇所付近の水海道では200 mm程度

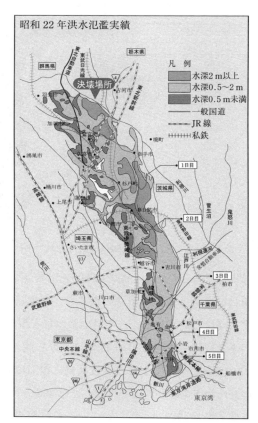

図4.36　1947年カスリーン台風で洪水氾濫した範囲
（国土交通省利根川上流河川事務所[11]による）

112 4. 風　水　害

図4.37　1974年狛江水害によって決壊した多摩川の堤防
（東京都狛江市[12]による）

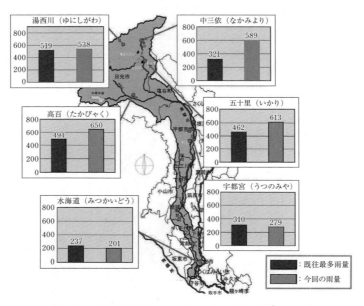

図4.38　鬼怒川流域での降水量（国土交通省[13]による）

の降水量であったが，上流では600 mmを超す多量の降水となっていた。そのため，上流から流れてきた多量の河川水のために，決壊箇所の少し下流の水位観測点では，**図4.39**に示すように，5時間にわたって計画降水量を超える水位になっていた。決壊箇所では，**図4.40**に示すように，9月10日の11時ごろから越水が始まり，午後1時半ごろには堤防が決壊し始め，完全に破堤に至った。被災後に復旧に向かって各種の検討が行われた。**図4.41**に決壊した箇所の堤防断面を推定した結果を示すが，ここでは砂からなる自然堤防の上に粘性土を盛って堤防が造られていた。一般に河川堤防が決壊するケースとしては，**図4.42**に示すように，**越水**による場合，**浸透**による場合，**洗掘**による場合とがある。この鬼怒川の堤

4.3 氾　　　　　濫

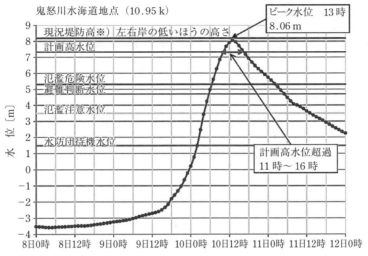

図 4.39　決壊箇所付近の水位の時間変化（国土交通省[14]による）

図 4.40　決壊箇所の経過
（国土交通省[13]による）

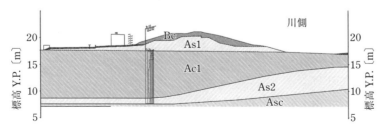

図 4.41　決壊した堤防の推定断面（国土交通省[14]による）

114　　4. 風　　水　　害

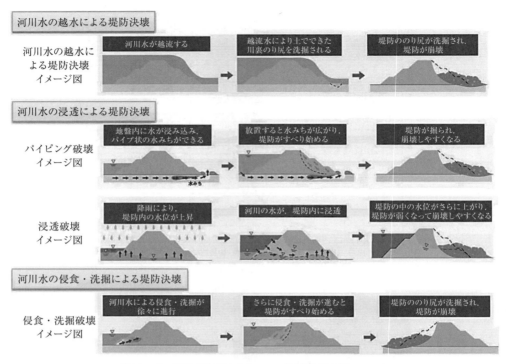

図 4.42　堤防が決壊するケース（国土交通省[13]による）

防の場合，越水した後に決壊したことは事実としてわかっている。さらに，堤防下部には自然堤防の砂があることと，付近の堤防で浸透による川裏側（人家側）のり尻からの砂の噴き出しもあったため，浸透による影響もあったと判断された。そして，**図 4.43** に示すようなプロセスで決壊に至ったと結論づけられた。この結論をもとに将来越水しないように堤防を高くし，浸透を防ぐために堤防の幅を広くすると同時に，川表のり面被覆工を設けるなどの対策を施して，**図 4.44** のように復旧された。

　さて，**図 4.45** に荒川が決壊した場合に推定されている**浸水区域図**を示す。このように浸水区域図が各河川で作成され，同時に対策として河川整備も進められている。氾濫させないためとか，氾濫しても被害を最小限にとどめる方法には，以下のような方法がある。

①　**築堤・嵩上げ**：堤防がない箇所に堤防を築いたり，既往の堤防の高さを高くする。
②　**引　堤**：堤防の位置を堤内側に変えて川幅を広く，河川の水の流れる断面を大きくして，河川水位を下げる。
③　**遊水地**：洪水で水が溢れそうになったとき，遊水地で水を一時貯めて河川水位を下げる。横浜市を流れる鶴見川の氾濫による被害を防ぐために，新横浜駅の近くに設けられた遊水地を**図 4.46** に示す。
④　**河道掘削**：川底などを掘削し，水の流れる断面を大きくして河川水位を下げる。

堤防決壊のプロセス（推定）

1. 越水開始前段階
　・河川水位が上昇
　（・漏水発生の可能性）

2. 川裏のり尻洗掘段階
　・川裏のり面の洗掘
　・のり尻の洗掘

3. 川裏のり面洗掘段階
　・洗掘が進行
　・小規模な崩壊が継続

4. 堤体流失
　基礎地盤洗掘段階
　・堤体が流失し，決壊
　・基礎地盤の洗掘

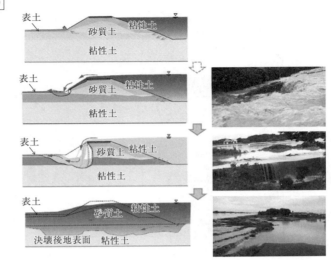

図 4.43　鬼怒川堤防の決壊のプロセス（国土交通省[13]による）

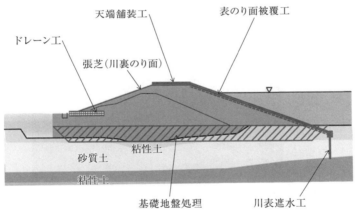

図 4.44　復旧断面（国土交通省[13]による）

⑤　**二線堤**：万一堤防が決壊した場合に，被害を最小限にとどめるため堤内地に堤防を築く。

⑥　**輪中堤**：特定の区域を洪水から守るため，周囲を囲むように堤防を築く。

　なお，近年，**高規格堤防（スーパー堤防）**の建設も行われている。これは，図 4.47 に断面を示すように，一般の堤防と比較して幅の広い堤防（堤防の高さの30倍程度）を建設し，越水・侵食・浸透による堤防決壊を防ぎ，必要に応じて建設時に地盤改良を行って地震時の液状化による堤防の大規模な損傷を回避するものである。そして，その上に住宅も建てて，市街地再開発や区画整理などのまちづくりなどと共同で実施されている。図 4.48 に川崎市の多摩川右岸で建設された高規格堤防を示す。

116　4. 風　水　害

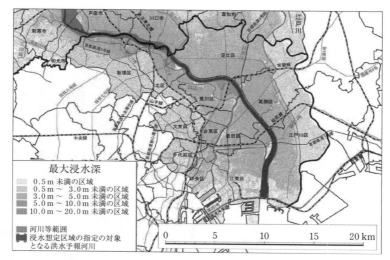

図 4.45　荒川水系荒川の洪水浸水区域図（計画規模，国土交通省関東地方整備局荒川下流河川事務所[15]による）

図 4.46　横浜市に設けられた鶴見川多目的遊水地

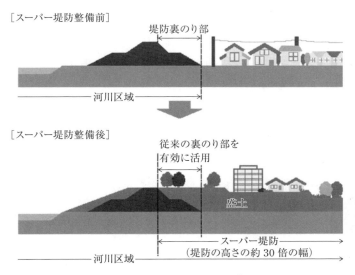

図4.47 高規格堤防（国土交通省[1]による）

図4.48 川崎市の多摩川右岸で建設された高規格堤防

4.3.3 内水氾濫の事例と対策

　雨が降った場合，地下に浸透しきれない場合にはなんらかの方法で排水しないといけない。日本の都市では下水道が完備してきており，汚水と同時にこの雨水も排水するようになっている。排水施設の設計には降水量の設定が必要であるが，日本の場合一般に，50 mm の時間降水量で設計されている。ところが，前述したように気候変動の影響で近年降雨強度が強くなってきており，100 mm を超す時間降水量がしばしば発生するようになってきた。さらに，以下の理由により都市内での内水氾濫がしばしば発生するようになってきた。

① 急激な市街化の進展：昭和30年代以降の急激な開発により，流域の大部分が市街化された。

② 開発による流出増：開発前は雨水は地下に浸透し，河川にはおもに表流水が流入していたが，開発によってコンクリートなどに覆われた不透水域が増大し，短時間に多量の

雨水が流入するようになり，洪水を誘発するようになった。

このように内水氾濫は近年問題視され，図 4.49 に示すような浸水想定区域図も作成されるようになってきている。そして，内水氾濫を防ぐために表 4.1 に示すようなハードやソフトな対策が講じられつつある。

図 4.49　小河川の氾濫による浸水想定区域図例〔荒川水系神田川，善福寺川，妙正川洪水浸水想定区域図（計画規模），東京都建設局[16]による〕

表 4.1　都市型水害対策方法（東京都[17]による）

分類	対策方法
ハード対策	河川の整備
	下水道の整備
	流域対策の推進
	整備水準のステップアップと河川・下水道の連携
ソフト対策	洪水情報の提供
	浸水予想区域図の作成・公表
	洪水ハザードマップの作成・公表
	避難・防災体制の整備・確立
	広報・啓発

引用・参考文献

1) 国土交通省：水害対策を考える
　http://www.mlit.go.jp/river/pamphlet_jirei/bousai/saigai/kiroku/suigai/suigai.html（参照：2018 年 7 月）
2) 国土交通省：砂防の役割と対策
　http://www.mlit.go.jp/mizukokudo/sabo/yakuwari.html（参照：2018 年 7 月）

引用・参考文献

3) 国土交通省：平成 25 年台風第 26 号伊豆大島の土砂災害の概要
   http://www.mlit.go.jp/river/sabo/h25_typhoon26/izuooshimagaiyou131112.pdf（参照：2018 年 7 月）
4) 国土地理院：平成 26 年 8 月豪雨，写真判読図
   https://maps.gsi.go.jp/#12/34.498977/132.495690/&base=std&ls=std%7Chisai1408ooame_hiroshima3&disp=11&lcd=hisai1408ooame_hiroshima3&vs=c1j0h0k0l0u0t0z0r0s0f1&d=vl（参照：2018 年 7 月）
5) 地盤工学会：2009 年 Morakot 台風による台湾の被害調査に対する災害緊急調査団報告書, p.23（2009）
6) 防災科学技術研究所：地すべり地形分布図，地すべり地形 GIS データ
   http://dil-opac.bosai.go.jp/publication/nied_tech_note/landslidemap/gis.html（参照：2018 年 7 月）
7) 地すべり学会：現場で役に立つ地すべり工学
   https://japan.landslide-soc.org/landslide/education/pdf/key_points.pdf（参照：2018 年 7 月）
8) 信州大学自然災害研究会：昭和 60 年長野県地附山地すべりによる災害，p.67（1986）
9) 国土交通省：土砂災害防止法の概要
   http://www.mlit.go.jp/river/sabo/sinpoupdf/gaiyou.pdf#search=%27%E5%9C%9F%E7%A0%82%E7%81%BD%E5%AE%B3%E8%AD%A6%E6%88%92%E5%8C%BA%E5%9F%9F%E3%81%A8%E3%81%AF%27（参照：2018 年 7 月）
10) 国土交通省：河川事業概要 2017，河川の現状と課題
    http://www.mlit.go.jp/river/pamphlet_jirei/kasen/gaiyou/panf/gaiyou2007/pdf/c1.pdf（参照：2018 年 7 月）
11) 国土交通省利根川上流河川事務所：利根川の紹介
    http://www.ktr.mlit.go.jp/tonejo/tonejo00187.html（参照：2018 年 7 月）
12) 狛江市：悪夢のような多摩川堤防決壊
    https://www.city.komae.tokyo.jp/sp/index.cfm/45,336,349,2102,html（参照：2018 年 7 月）
13) 国土交通省関東地方整備局：鬼怒川の堤防決壊のとりまとめ
    http://www.ktr.mlit.go.jp/bousai/bousai00000167.html（参照：2018 年 7 月）
14) 国土交通省関東地方整備局鬼怒川堤防調査委員会：鬼怒川堤防調査委員会報告書（2016）
    http://www.ktr.mlit.go.jp/ktr_content/content/000643703.pdf#search=%27%E9%AC%BC%E6%80%92%E5%B7%9D%E5%A0%A4%E9%98%B2%E5%BE%A9%E6%97%A7%E6%A4%9C%E8%A8%8E%E5%A7%94%E5%93%A1%E4%BC%9A%27（参照：2018 年 7 月）
15) 国土交通省関東地方整備局荒川下流河川事務所：荒川水系荒川洪水浸水想定区域図（計画規模）
    http://www.ktr.mlit.go.jp/ktr_content/content/000647152.pdf（参照：2018 年 7 月）
16) 東京都建設局：浸水予想区域図
    http://www.kensetsu.metro.tokyo.jp/jigyo/river/chusho_seibi/index/menu02.html（参照：2018 年 7 月）
17) 東京都：東京都における都市型水害対策
    http://www.kensetsu.metro.tokyo.jp/jigyo/river/chusho_seibi/index/menu01.html（参照：2018 年 7 月）

5. 火山災害

　日本には火山が多く存在し，頻繁ではないがときどき噴火が発生し，周辺地域に被害を与えてきている。噴火による直接の被害としては，火砕流，溶岩流，火山灰の降灰といったものがあり，火山灰の場合は高層風に乗って遠くまで飛ぶので，火山周囲だけでなく風下側の広い範囲に被害が及ぶ。また，火山灰が堆積したあと，降雨により泥流や土石流が発生する2次被害も発生するので，噴火が終わったあとも砂防ダムを建設するなどの対策が必要である。

　火山噴火は繰り返し発生するが，その間隔は長く，また毎回噴火の発生状況が異なったりして，事前対策を施すのはなかなか難しい。ただし，火山性微動や山体の膨らみなど噴火の前兆現象があることが多いので，そのモニタリングを行って噴火に備えることが必要である。

5.1　火山災害の特徴

　3.1節で述べたように，地球の表面は10数枚のプレート（図3.1参照）で覆われており，プレート境界のうち海嶺では，深部から高温の**マントル**が湧き上がってきて，それが溶けて**マグマ**が生産され，**火山**が形成される。一方，海洋プレートが沈み込む場所でもマグマが生産され，火山が形成される。日本の東北地方の場合をみると，東側から動いてきている太平洋プレートが日本海溝付近でマントル内にプレートが沈み込んでいる。その際，約120 km程度の深さまで沈み込むとプレートの表層部に含まれていた水が放出され，上昇して，マントルの融点を下げ，高温の流体のマグマの巣を形成する（図3.3参照）。マグマは周囲の岩石より軽いため，マグマの巣から上昇していき，ある深さで周囲の岩石の密度とつり合って浮力を失い，**マグマ溜まり**を形成する。このマグマは圧力が高く多量の水が溶け込んでいる。そして，マグマ溜まりに亀裂が入るなどのなんらかの原因で圧力が下がると，マグマに溶け込める水の量が減るため，あまった水はマグマ中で気泡となる発泡現象が発生する。さらに，多数の気泡が生成されて軽くなるため上昇していく。上昇につれて圧力も下がっていくので発泡も進行し，地表から勢いよく噴出する。マグマの上昇の仕方は，**図5.1**の模式図に示されるように，まっすぐ上に上がっていくだけでなく，側面のほうにも分かれていく。したがって，中心位置から噴火するだけでなく，側面からも噴火することがある。なお，プレート境界に関係なく形成される火山もある。それは地球内部に固定された熱源があり，

マントルが暖められてマグマが生産され，地表に湧き出す場合である。**ホットスポット**と呼ばれ，代表的な例がハワイから北西方向に連なる火山島である。現在，ハワイ島で火山が活動しているが，この位置が地球上で固定しているのに対し，太平洋プレートは北西に動いているため，古い時代に形成された火山はプレートに乗って北西方向に動いて，**火山列島**が形成されている。そして，プレートは海嶺から離れるにつれて冷却し重くなって，火山島を乗せたまましだいに沈下し，海山となってカムチャッカまで連なっている。

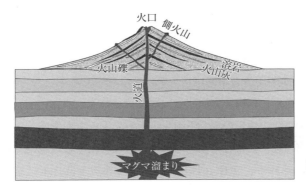

図 5.1 火山の構造の模式図

　火山の活動としては，直接的なものとして噴火，火砕流の発生，溶岩の流出，火山性地震，水蒸気爆発といったものがある。間接的なものとしては斜面に降り積もった火山灰の降雨時の泥流や土石流がある。また，河川に流れ出した火山灰が泥水となって流れる際に，液体の密度が高くなって，河床の礫を浮き上がらせて下流に運搬し，流速が落ちたところで堆積し，河床を上げることによる河川の氾濫といったようなものがある。火山活動は長期間続き，直接的な被害もその期間続くだけでなく，間接的な被害はさらに長い年月続く。したがって，火山が一旦活動すると復旧，復興に長い年月がかかる。また，火山活動の始まりには鳴動や震動などの予兆が生じることが多いが，噴火して火山灰が積もるのか，火砕流や溶岩が流れるのかと，なにが起きるかわからないので，火山噴火の種類に注意が必要である。

5.2　火山の噴火と構造，火山噴出物の種類

火山の噴火の仕方は，含まれている水の量やマグマの粘性の違いで以下のように異なる。
① **ハワイ式噴火**：マグマの粘性が低いと噴水のように穏やかな溶岩が流れ出す。
② **ストロンボリ式噴火**：マグマの粘性が少し高いとスコリアや溶岩流が間欠的に放出される。
③ **ブルカノ式噴火**：マグマの粘性が高いと気泡が抜けにくくなってマグマ内に溜まり，十分に溜まると爆発して噴石を放出し，流動性の乏しい溶岩流が流れ出す。

④　プリニー式噴火：粘性が高く十分に火山ガスを含んだマグマの場合は，激しく発泡して大規模な噴火に至り，軽石や火砕流を放出する。

⑤　水蒸気爆発：マグマから伝わってきた熱が火山体内部に存在する地下水を加熱し，ついに気化して水蒸気と火山灰を放出する。このほかに，マグマと地下水や湖水・海水が接触して爆発的な噴火を生じるマグマ水蒸気爆発がある。

また，火山体の構造は，噴火の仕方によって以下のように異なる。

①　成層火山と側火山：マグマ溜まりから火道がまっすぐ上に上がり，火口を中心に溶岩と火砕岩が放出され互層に堆積すると，図5.1に示したような成層火山となる。ただし，火道の途中から斜め板状にマグマが上昇していくと，成層火山の斜面に側火山を形成する。図5.2に示す富士山の宝永の噴火も側火山から噴火したものである。

②　盾状火山：粘性が低いマグマが流れ出すと盾状火山が形成される。

③　溶岩ドーム：粘性が高いマグマが溶岩の形で噴出すると溶岩ドームが形成される。

④　カルデラ：マグマが大規模に地下に蓄えられ，それが一気に噴出することにより陥没を生じると，カルデラが形成される。図5.3に示す阿蘇のカルデラは日本における最

▶火山の恩恵，温泉

　火山は噴火すると大惨事が発生するため怖い存在である。一方，富士山をはじめとしてほれぼれする優雅な山も多い。また，火山のまわりには温泉も多い。火山国である日本には，各地に素晴らしい露天の温泉がたくさんある。九重の山麓で阿蘇の雄大な景色を眺めながら入る温泉，太平洋を見ながら式根島の海岸で入る温泉…。だが，日本だけでない。海外にも素晴らしい露天の温泉がある。コスタ・リカは日本同様火山国である。その中でもアレナル火山は小規模な噴火が繰り返されており，夜になると噴火や溶岩流の赤い光線が見られる。これを見に出かけたところあいにくの曇りで見られなかったが，その火山の中腹にあるタバコン温泉につかって満足して帰ってきた。ここでは，写真に見られるように山からお湯が流れてくる川や滝をそのまま温泉にし，その川の好きなところに入れるようになっていた。まさに，本物のかけ流しの湯であった。気持ちがよいのでついつい2日間も入ってしまった。

コスタ・リカの天然の温泉

図 5.2 富士山の側火山である宝永の噴火口

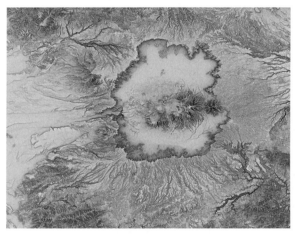

図 5.3 阿蘇のカルデラの赤色立体地図
（アジア航測株式会社による）

大級のカルデラで，27万年前から9万年前に4回の火砕流の噴出に伴う活動で形成された。外輪山の大きさは南北25 km，東西18 kmにも及んでいる。火砕流は最大160 kmまで流れていき，図5.3に示されるように，周囲に広大な火砕流台地を形成した。なお，カルデラ内に湖ができてそこに火山灰が堆積した経緯があり，カルデラ内には軟弱な地盤が形成されている地区もある。

このように，火山からマグマが噴出されて冷え固まると，以下のような種々の火山噴出物が形成される。

① **溶岩流や溶岩ドーム**：マグマが火口から粘性流体として噴出し，広く薄く流れたり，谷沿いに細く流れて固結したものを**溶岩流**，ドーム状のまま固まったものを**溶岩ドーム**と呼ぶ。溶岩流の流速は一般に遅いため，人間が溶岩流に巻き込まれて犠牲になる災害は起こりにくい。

② **火山砕屑岩（火砕岩）**：火山から噴出された火山砕屑物が堆積したもので，**テフラ**と

呼ばれる。これを粒径から分けると，細かいほうから**火山灰**，**火山礫**，**火山岩塊**に分類される。火山礫よりも大きくて発泡しているものは，白っぽい場合は**軽石**，黒っぽい場合は**スコリア**と呼ばれる。また，火山岩塊のうち紡錘形やパン皮状などの特定の形態をもつものは**火山弾**と呼ばれる。これによる人的被害を防ぐためシェルターを備えた火山もあるが，2014年に発生した御岳山の噴火ではそのような備えがないところで突然噴火し，63名もの犠牲者（死者58名，行方不明者5名）が出た。

③　**火砕流堆積物**：**火砕流**とは高温のマグマ物質の破片と火山ガスとが混合して，噴煙が立ち昇らずに地表に沿って流れるもので，それが堆積したものを**火砕流堆積物**と呼ぶ。大規模な火砕流になると広範囲に流れ出し，**カルデラ**が形成される。火砕流の流速は大変速く，後述するように，1991年には雲仙普賢岳で43名もの犠牲者（死者40名，行方不明者3名）が出た。

なお，火山体の内部に新たなマグマが貫入して火山体が崩壊したり，積雪があるときに高温噴出物が噴出して火山泥流が発生することがある。また，火山の噴煙が高く上がって上空で風に流されると破砕片は火山から大変遠くまで運ばれ，降下して堆積する。風で運ばれる過程で粒子は淘汰されるので，火山の近くでは粒径が大きく，遠くでは細かい粒子が堆積する。図5.4に2011年の霧島新燃岳の噴火で降り積もった火山灰を示す。火山から遠く離れていても降り積もる量が多量になると，重さで屋根が潰され，交通が遮断され，ライフラインも使えなくなるなどの生活への深刻な被害が生じる。

図5.4　2011年の霧島新燃岳の噴火により降り積もった火山灰

5.3 火山による被害および復旧・復興事例

5.3.1 三宅島の噴火

三宅島の骨格は約1万年前には形成されていたと推定されている。その後，数十回の大小さまざまな規模の噴火活動によって，成長とカルデラ形成を繰り返してきた。図5.5に示す大路池は，過去にマグマが上昇して地下水と接触して爆発的な**マグマ水蒸気爆発**が発生し，岩石を吹き飛ばして大きな火口が形成された跡である。

図5.5 大路池（東京都三宅村）

近年，三宅島は周期的に噴火を繰り返している。1962年には北東山腹で噴火し，図5.6に示すように，溶岩が流出し海岸まで達して家屋が消失した[1]。1983年には南西山腹で割れ目噴火が発生し，図5.6に示すように，溶岩流が南西方向に流出した。西側に流れた溶岩

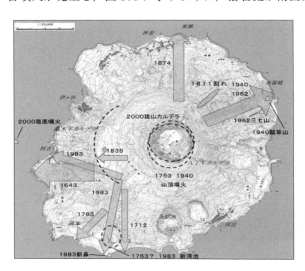

図5.6 三宅島で1643年以降に発生した噴火におけるおもな溶岩流および噴火地形（気象庁[1]による）

126　5. 火 山 災 害

は阿古地区の約400棟の家屋を埋没・焼失した。ただし，避難が円滑に行われたため人的被害はなかった。図5.7に阿古地区で溶岩が冷え固まったあとの状況を示す。2000年6月には地震が頻発に発生し始め，海底噴火も発生し，7月には雄山山頂から噴火が発生した。8月には大規模噴火が発生し，噴煙高さは14 000 mにも達した。島内には大量の噴石や火山

図5.7　阿古地区に流れて冷え固まった溶岩

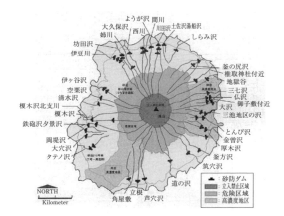

図5.8　砂防ダムの建設箇所
（東京都[2)]による）

図5.9　建設された砂防ダムの例

灰が降下し，低温の火砕流も発生した。そして，9月には全島民（3855名）の島外避難に至った。山頂部は陥没し，カルデラが形成された。堆積した噴石や火山灰は降雨によって泥流の土石流となって流れるため，復旧・復興にあたっては，図5.8に示すように，砂防ダムが多く建設されることになった[2]。図5.9に完成した砂防ダムの一つを示す。なお，全島避難指示が解除されたのは2005年になってからである。

5.3.2 雲仙普賢岳の火砕流

図5.10に雲仙から島原にかけての地図を示す。雲仙も過去に活動を繰り返してきている。1663年の噴火では溶岩を約1km流出した。1792年にも噴火して溶岩を流出し，さらに島原側にある眉山が地震で大崩壊した。3.6節で述べたように，崩壊した岩石は有明海に流入して津波を発生させ，有明海岸対岸の熊本県に被害をもたらした。そして，1990年11月17日に噴火が再開した。活動はしだいに活発化し，1991年5月20日は普賢岳で溶岩ドームが出現した。5月24日には溶岩ドーム先端が崩れて火砕流の発生が始まった。そして，6月3日に規模が大きい火砕流が発生した。図5.11に示すように，火砕流は水無川方面へ猛烈なスピードで流下し，火砕流の本体部は河床付近で停止したが，火砕流の灰神楽は，さらに前方の高台に到達した。この火砕流は非常に高温で43名が犠牲になり，179棟が焼失した。6月8日にはさらに規模が大きい火砕流が発生して207棟が焼失した。その後も火砕流が頻繁に発生して，図5.12に示すように，焼け野原となった。水無川流域には大量の火砕流堆積物が積もったため，大雨のたびに土石流が発生するようになった。そのため水無川沿いに応急的に沈砂地が設けられた。

さらに，1993年5月21日には北東側の中尾川方面にも火砕流が流下し始め，6月23日に

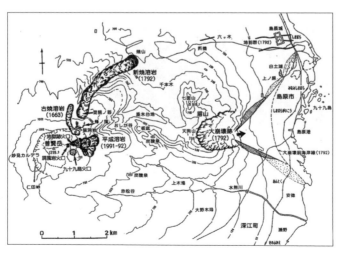

図5.10　1990年の噴火前の雲仙から島原の様子[3]

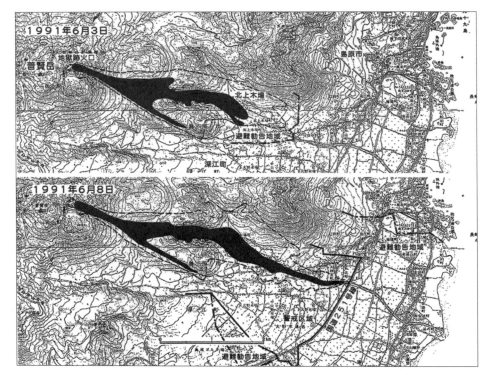

図 5.11　1991 年に水無川へ火砕流が流下した範囲[3]

図 5.12　火砕流で焼け野原となった地区

は規模の大きな火砕流のため千本木地区で 209 棟が焼失・倒壊した。1993 年 4 月 28 日には最大規模の土石流が発生し 369 棟が全・半壊の被害を受けた。そして，1995 年 2 月になってやっとマグマの供給が停止した。それまでに 9 432 回ほど火砕流が発生し，溶岩噴出量は約 2 億 m^3 にも及んだ。復旧・復興にあたっては，図 5.13 に示す無人化施工が行われた。図 5.14 に 1995 年時点での復旧状況を示す。

5.3 火山による被害および復旧・復興事例　129

図 5.13　無人化施工（国土交通省雲仙復興事務所提供）

図 5.14　復旧状況（アジア航測株式会社提供，1995 年 11 月 18 日撮影）

5.3.3　富士山の噴火

図 5.15 に富士山の赤色立体地図を示す。富士山の噴火に関しては古くからの資料が残っているが，それによると 9 〜 11 世紀は活動が活発であったようである。800 〜 802 年には，噴火による大量の噴出物で重要な街道の足柄路が埋没したので，新たに箱根路を開いたとのことである。864 年には大噴火（貞観の噴火）が発生し，北西の山腹から大量の溶岩を流出し，青木ヶ原溶岩を形成した。また，せのうみに流れ込み精進湖と西湖に分断した。937 年，1511 年にも噴火が発生した。そして，1707 年の宝永地震の 49 日後に大噴火（宝永の噴火）が発生した。噴火によって舞い上がった火山灰が偏西風に乗って東方に流され，地上に降り積もった。その厚さの分布を推定したのが図 5.16 である。はるか離れた江戸にも火山灰が降り，2 〜 5 cm 程度積もった。一方，火口から 10 km の須走付近でも降ってきた砂が大変厚く堆積し，最大 1.7 m にも及んだ。そのため，家屋倒壊，家屋の焼失，田畑埋積といっ

図 5.15　富士山の赤色立体地図（アジア航測株式会社による）

130　5. 火 山 災 害

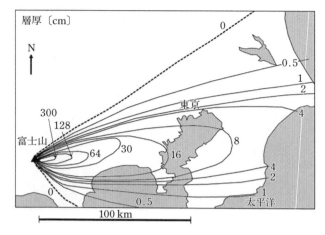

図5.16 宝永噴火による降灰の分布と厚さ（内閣府[4]による）

た甚大な被害を受けた。深刻な飢饉も発生したため，小田原藩が江戸幕府へ直訴するなどの対応が続けられ，やっと1709年に砂除金が支給された。火山灰は酒匂川流域にも甚大な影響を与えた。平野に入った地域では土砂の堆積により河床が埋積し，堤防の決壊をもたらした。図5.17に示すように，川筋も変わるといった洪水が頻発に発生した[4]。これに対し，幕府による築堤，治水工事が行われたが，決壊が繰り返し発生し，1747年ごろにやっと終了した。

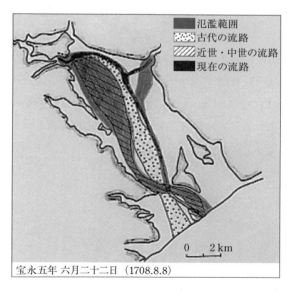

図5.17 酒匂川の堤防決壊よって生じた洪水範囲（内閣府[4]による）

5.4 火山災害に対する対策

日本は火山活動が活発で，図 5.18 に示すように，国内に**活火山**が 111（2017 年 6 月現在，気象庁による。海底火山や北方領土も含む）もある。ただし，全国各地に散らばっているのではなく，① 北方領土から東北地方の脊梁山地，関東山地，上・信越の山地にかけて，② 富士山から伊豆・小笠原を経て硫黄島やその南の海底火山にかけて，③ 山陰から九州中央部を経て沖縄の西側にかけて，火山が分布している。このような線状の地帯は，5.1 節で述べたように，マグマが生産される海側の限界の位置に該当している。火山活動が活発な地域では，種々の被害に対する警戒や対策が必要であるが，地震災害と違って，火山災害の場合には予兆が現れ，しだいに活動が活発化していくことが多いので，避難計画を立てておくと人的被害は軽減できる可能性がある。そこでソフトな対策として，活発な火山に対しては火山災害の**ハザードマップ**が作成され，避難計画が立てられてきている。図 5.19 に富士山に対して作成されているハザードマップを示す。ここには火口ができる可能性の高い範囲，火砕流や噴石の落下範囲，溶岩の流れ出す範囲が示されている。これは富士山周辺だけのものであるが，富士山から離れた東京都 23 区では火砕流や溶岩流といった直接の被害は発生しないものの，火山灰が数 cm 程度堆積することにより，交通障害，ライフラインへの被害な

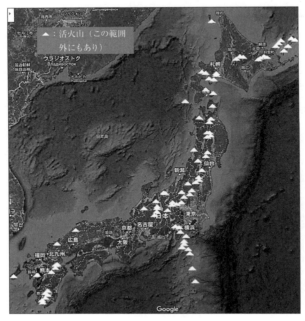

図 5.18 日本の活火山

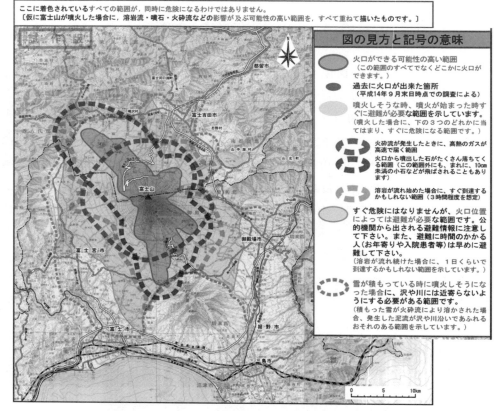

図5.19 富士山の火山ハザードマップの試作版（富士山火山防災協議会[5]）による，凡例拡大）

ど，生活への影響が発生することが危惧されている。そこで，**図5.20**に示すような**降灰可能性マップ**も宝永の噴火における経験をもとに作成されている。

ところで，火山活動そのものを人間の力で軽減することは不可能である。ただし，活動の予兆がありしだいに活発になっていくので，種々の計測を行って活動を監視することが行われるようになってきている。気象庁によると，日本では111の活火山のうち，火山防災のために監視・観測体制の充実などが必要な火山として選定された50の火山については，噴火の前兆をとらえて噴火などを適確に発表するために，地震計，傾斜計，空振計，GNSS（全球測位衛星システム）観測装置，監視カメラなどの火山観測装置を整備し，関係機関からのデータ提供も受け，火山活動を24時間体制で常時監視・観測している（2018年6月時点）。

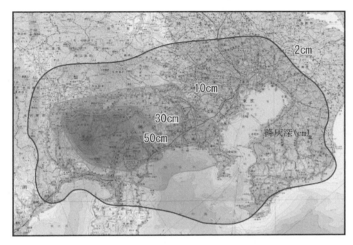

図 5.20 富士山の噴火による降灰可能性マップ
（富士山ハザードマップ検討委員会[6]による）

引用・参考文献

1) 気象庁：三宅島噴火の歴史
   http://www.data.jma.go.jp/svd/vois/data/tokyo/rovdm/Miyakejima_rovdm/miyakejima_hist.html
   （参照：2018年7月）
2) 東京都建設局：三宅島砂防事業のこれまでの取組み
   http://www.kensetsu.metro.tokyo.jp/content/000006494.pdf#search=%27%E4%B8%89%E5%AE%85%E5%B3%B6%E3%81%AE%E7%A0%82%E9%98%B2%E3%83%80%E3%83%A0%27 （参照：2018年7月）
3) 太田一也：1990-1992 年雲仙岳噴火活動，地質学雑誌，**99**，10，pp.835-854（1993）
4) 内閣府：災害教訓の継承に関する専門調査会報告書　平成 18 年 3 月　1707　富士山宝永噴火
   http://www.bousai.go.jp/kyoiku/kyokun/kyoukunnokeishou/rep/1707_houei_fujisan_funka/index.html（参照：2018年7月）
5) 富士山火山防災協議会：富士山火山防災マップ
   http://www.bousai.go.jp/kazan/fujisan-kyougikai/fuji_map/（参照：2018年7月）
6) 富士山ハザードマップ検討委員会：富士山ハザードマップ検討委員会報告書（2004）
   http://www.bousai.go.jp/kazan/fujisan-kyougikai/report/index.html（参照：2018年7月）

あ と が き

　建設技術者は，防災工学を習得するにあたって過去の被害事例をよく学び，将来の災害に備える必要があります。ただし，"百聞は一見に如かず"。災害の現場を体験してくることも大切です。ただし，その際いくつかの点に留意が必要です。

　まず，現地踏査に向かう前に，"地形や地盤条件，気象条件，過去の災害事例"の概略について資料調査を行っておく必要があります。甚大な自然災害が発生すると，航空機による空中写真や人工衛星の合成開口レーダーによる地盤変状の分析が関係機関で行われ公開されるので，これらのデータを活用すると広域的な災害状況をいち早く確認することができるようになります。

　さらに，今後はSNSなどのリアルタイムの情報も有用なデータとなることが考えられ，既往資料（アナログ）～最新の技術（デジタル）を駆使して，幅広くの情報を集約することも必要になるでしょう。つぎに，現地踏査を行ううえで最も注意しなければいけないのは"人命救助や復旧・復興"が最優先であり，被災された方々に不愉快な思いをさせるような現地調査は慎むことが大切です。また，災害の現場には危険がつきまといますので，安全性に十分注意していただきたいと思います。

2018年11月

安田　　進
石川　敬祐

索　　　引

【う】
埋立地　　　　　　　　　　14

【え】
液状化　　　　　　14, 42, 44
　　──に対する安全率　　56
液状化危険度マップ　　　　57
液状化指数　　　　　　　　56
越　水　　　　　　　　　112

【か】
海岸段丘　　　　　　　　　18
海　溝　　　　　　　　　　24
外水氾濫　　　　　　13, 110
海　嶺　　　　　　　　　　24
崖崩れ　　　　　　　　　　94
火砕流　　　　　　　　　　20
火砕流堆積物　　　　　　124
火山砕屑岩　　　　　　　123
河成段丘面　　　　　　　　18
活火山　　　　　　　　　131
軽　石　　　　　　　　　124
カルデラ　　　　　　　　122

【き】
逆断層　　　　　　　　　　27
急傾斜地の崩壊　　　　　　94

【こ】
後背湿地　　　　　　　　　9

【さ】
三角州地帯　　　　　　　　9

【し】
地震応答解析　　　　　　　39
地震基盤　　　　　　　　　30
地すべり　　　　　　94, 107
自然災害　　　　　　　　　2
自然堤防　　　　　　　　　9

自然堤防地帯　　　　　　　9
七号地層　　　　　　　　　10
斜面崩壊　　　　　　　　　67
斜面保護工　　　　　　　106
シラス台地　　　　　　　　20
人為災害　　　　　　　　　2
震　央　　　　　　　　　　30
震源域　　　　　　　　　　29
震源断層　　　　　　　　　27
浸　透　　　　　　　　　112
震度階　　　　　　　　　　31

【す】
スレーキング　　　　　　　73

【せ】
正断層　　　　　　　　　　27
性能設計　　　　　　　　　59
ゼロメートル地帯　　　　　5
洗　掘　　　　　　　　　112
線状降水帯　　　　　　　111
扇状地　　　　　　　　　　9
せん断波　　　　　　　　　30

【そ】
疎密波　　　　　　　　　　30

【た】
谷底低地　　　　　　　　　17
断　層　　　　　　　　　　20

【ち】
地質区分　　　　　　　　　7
地表地震断層　　　　　27, 84
沖積層　　　　　　　　　　12

【つ】
津　波　　　　　　　　　　87

【て】
抵抗率　　　　　　　　　　56

天然ダム　　　　　　68, 99

【と】
土砂災害　　　　　　　　　94
土砂災害警戒区域　　　　104
土砂災害特別警戒区域　　104
土石流　　　　　　　　94, 96

【な】
内水氾濫　　　　　　13, 117
流れ盤　　　　　　　　　　22

【は】
ハザードマップ　　　39, 131

【ふ】
風　化　　　　　　　　　　22
プレートテクトニクス　　　24

【ま】
マグニチュード　　　　　　31
マグマ溜まり　　　　　　120

【や】
山崩れ　　　　　　　　　　94

【ゆ】
遊水地　　　　　　　　　114
有楽町層　　　　　　　　　10
揺　れ　　　　　　　　　　38

【よ】
抑止工　　　　　　　　　105
抑制工　　　　　　　　　105
横ずれ断層　　　　　　　　27

【り】
流　動　　　　　　　　　　51

◇

【N】
N 値　　　　　　　　　　45

【P】
P 波　　　　　　　　　　30

【S】
S 波　　　　　　　　　　30

―― 著 者 略 歴 ――

安田　進（やすだ　すすむ）
- 1970 年　九州工業大学開発土木工学科卒業
- 1972 年　東京大学大学院工学系研究科修士課程修了（土木工学専攻）
- 1975 年　東京大学大学院工学系研究科博士課程修了（土木工学専攻），工学博士
- 1975 年　基礎地盤コンサルタンツ株式会社入社
- 1986 年　九州工業大学助教授
- 1994 年　東京電機大学教授
- 2016 年　東京電機大学副学長
- 2018 年　東京電機大学名誉教授
- 2018 年　東京電機大学プロジェクト研究教授

　　　　現在に至る

石川　敬祐（いしかわ　けいすけ）
- 2003 年　東京電機大学理工学部建設環境工学科卒業
- 2005 年　東京電機大学大学院理工学研究科修士課程修了（建設工学専攻）
- 2005 年　基礎地盤コンサルタンツ株式会社入社
- 2011 年　東京電機大学助手
- 2014 年　博士（工学）（東京電機大学）
- 2014 年　東京電機大学助教
- 2018 年　東京電機大学准教授

　　　　現在に至る

建設技術者を目指す人のための防災工学
Disaster Prevention Engineering for Person Aiming to Become Construction Engineers
© Susumu Yasuda, Keisuke Ishikawa 2019

2019 年 1 月 11 日　初版第 1 刷発行　　　　　　　　　　　★

検印省略

著　者	安　田　　　進
	石　川　敬　祐
発行者	株式会社　コロナ社
	代表者　牛来真也
印刷所	壮光舎印刷株式会社
製本所	株式会社　グリーン

112-0011　東京都文京区千石 4-46-10
発行所　株式会社　コ　ロ　ナ　社
CORONA PUBLISHING CO., LTD.
Tokyo Japan
振替00140-8-14844・電話(03)3941-3131(代)
ホームページ　http://www.coronasha.co.jp

ISBN 978-4-339-05263-3　C3051　Printed in Japan　　　　（大井）

〈出版者著作権管理機構　委託出版物〉
本書の無断複製は著作権法上での例外を除き禁じられています．複製される場合は，そのつど事前に，出版者著作権管理機構（電話 03-5244-5088, FAX 03-5244-5089, e-mail: info@jcopy.or.jp）の許諾を得てください．

本書のコピー，スキャン，デジタル化等の無断複製・転載は著作権法上での例外を除き禁じられています．
購入者以外の第三者による本書の電子データ化及び電子書籍化は，いかなる場合も認めていません．
落丁・乱丁はお取替えいたします．

土木・環境系コアテキストシリーズ

(各巻A5判)

■編集委員長　日下部 治
■編 集 委 員　小林 潔司・道奥 康治・山本 和夫・依田 照彦

共通・基礎科目分野

	配本順			頁	本体
A-1	(第9回)	土木・環境系の力学	斉木 功 著	208	2600円
A-2	(第10回)	土木・環境系の数学 ―数学の基礎から計算・情報への応用―	堀宗朗・市村強 共著	188	2400円
A-3	(第13回)	土木・環境系の国際人英語	井合進・R. Scott Steedman 共著	206	2600円
A-4		土木・環境系の技術者倫理	藤原章正・木村定雄 共著		

土木材料・構造工学分野

B-1	(第3回)	構　造　力　学	野村 卓史 著	240	3000円
B-2	(第19回)	土 木 材 料 学	中村聖三・奥松俊博 共著	192	2400円
B-3	(第7回)	コンクリート構造学	宇治 公隆 著	240	3000円
B-4	(第4回)	鋼　構　造　学	舘石 和雄 著	240	3000円
B-5		構 造 設 計 論	佐藤尚次・香月智 共著		

地盤工学分野

C-1		応 用 地 質 学	谷 和夫 著		
C-2	(第6回)	地 盤 力 学	中野 正樹 著	192	2400円
C-3	(第2回)	地 盤 工 学	髙橋 章浩 著	222	2800円
C-4		環 境 地 盤 工 学	勝見武・乾徹 共著		

水工・水理学分野

D-1	(第11回)	水　理　学	竹原 幸生 著	204	2600円
D-2	(第5回)	水　文　学	風間 聡 著	176	2200円
D-3	(第18回)	河 川 工 学	竹林 洋史 著	200	2500円
D-4	(第14回)	沿 岸 域 工 学	川崎 浩司 著	218	2800円

土木計画学・交通工学分野

E-1	(第17回)	土 木 計 画 学	奥村 誠 著	204	2600円
E-2	(第20回)	都市・地域計画学	谷下 雅義 著	236	2700円
E-3	(第12回)	交 通 計 画 学	金子 雄一郎 著	238	3000円
E-4		景 観 工 学	川﨑雅史・久保田善明 共著		
E-5	(第16回)	空 間 情 報 学	須﨑純一・畑山満則 共著	236	3000円
E-6	(第1回)	プロジェクトマネジメント	大津 宏康 著	186	2400円
E-7	(第15回)	公共事業評価のための経済学	石倉智樹・横松宗太 共著	238	2900円

環境システム分野

F-1		水 環 境 工 学	長岡 裕 著		
F-2	(第8回)	大 気 環 境 工 学	川上 智規 著	188	2400円
F-3		環 境 生 態 学	西田修一・山中岡典 共著		
F-4		廃 棄 物 管 理 学	中島隆・野岡行文 共著		
F-5		環 境 法 政 策 学	織 朱實 著		

定価は本体価格+税です。
定価は変更されることがありますのでご了承下さい。

図書目録進呈◆

土木計画学ハンドブック

コロナ社 創立90周年記念出版
土木学会 土木計画学研究委員会 設立50周年記念出版

土木学会 土木計画学ハンドブック編集委員会 編
B5判／822頁／本体25,000円／箱入り上製本／口絵あり

委員長：小林潔司
幹　事：赤羽弘和，多々納裕一，福本潤也，松島格也

可能な限り新進気鋭の研究者が執筆し，各分野の第一人者が主査として編集することにより，いままでの土木計画学の成果とこれからの指針を示す書となるようにしました。第Ⅰ編の基礎編を読むことにより，土木計画学の礎の部分を理解できるようにし，第Ⅱ編の応用編では，土木計画学に携わるプロフェショナルの方にとっても，問題解決に当たって利用可能な各テーマについて詳説し，近年における土木計画学の研究内容や今後の研究の方向性に関する情報が得られるようにしました。

目　次

Ⅰ. 基礎編

1. 土木計画学とは何か（土木計画学の概要／土木計画学が抱える課題／実践的学問としての土木計画学／土木計画学の発展のために1：正統化の課題／土木計画学の発展のために2：グローバル化／本書の構成）
2. 計画論（計画プロセス論／計画制度／合意形成）
3. 基礎数学（システムズアナリシス／統計）
4. 交通学基礎（交通行動分析／交通ネットワーク分析／交通工学）
5. 関連分野（経済分析／費用便益分析／経済モデル／心理学／法学）

Ⅱ. 応用編

1. 国土・地域・都市計画（総説／わが国の国土・地域・都市の現状／国土計画・広域計画／都市計画／農山村計画）
2. 環境都市計画（考慮すべき環境問題の枠組み／環境負荷と都市構造／環境負荷と交通システム／循環型社会形成と都市／個別プロジェクトの環境評価）
3. 河川計画（河川計画と土木計画学／河川計画の評価制度／住民参加型の河川計画：流域委員会等／治水経済調査／水害対応計画／土地利用・建築の規制・誘導／水害保険）
4. 水資源計画（水資源計画・管理の概要／水需要および水資源量の把握と予測／水資源システムの設計と安全度評価／ダム貯水池システムの計画と管理／水資源環境システムの管理計画）
5. 防災計画（防災計画と土木計画学／災害予防計画／地域防災計画・災害対応計画／災害復興・復旧計画）
6. 観光（観光学における土木計画学のこれまで／観光行動・需要の分析手法／観光交通のマネジメント手法／観光地における地域・インフラ整備計画手法／観光政策の効果評価手法／観光学における土木計画学のこれから）
7. 道路交通管理・安全（道路交通管理概論／階層型道路ネットワークの計画・設計／交通容量上のボトルネックと交通渋滞／交通信号制御交差点の管理・運用／交通事故対策と交通安全管理／ITS技術）
8. 道路施設計画（道路網計画／駅前広場の計画／連続立体交差事業／駐車場の計画／自転車駐車場の計画／新交通システム等の計画）
9. 公共交通計画（公共交通システム／公共交通計画のための調査・需要予測・評価手法／都市間公共交通計画／都市・地域公共交通計画／新たな取組みと今後の展望）
10. 空港計画（概論／航空政策と空港計画の歴史／航空輸送市場分析の基本的視点／ネットワーク設計と空港計画／空港整備と運営／空港整備と都市地域経済／空港設計と管制システム）
11. 港湾計画（港湾計画の概要／港湾施設の配置計画／港湾取扱量の予測／港湾投資の経済分析／港湾における防災／環境評価）
12. まちづくり（土木計画学とまちづくり／交通計画とまちづくり／交通工学とまちづくり／市街地整備とまちづくり／都市施設とまちづくり／都市計画・都市デザインとまちづくり）
13. 景観（景観分野の研究の概要と特色／景観まちづくり／土木施設と空間のデザイン／風景の再生）
14. モビリティ・マネジメント（MMの概要：社会的背景と定義／MMの技術・方法論／国内外の動向とこれからの方向性）
15. 空間情報（序論—位置と高さの基準／衛星測位の原理とその応用／画像・レーザー計測／リモートセンシング／GISと空間解析）
16. ロジスティクス（ロジスティクスとは／ロジスティクスモデル／土木計画指向のモデル／今後の展開）
17. 公共資産管理・アセットマネジメント（公共資産管理／ロジックモデルとサービス水準／インフラ会計／データ収集／劣化予測／国際規格と海外展開）
18. プロジェクトマネジメント（プロジェクトマネジメント概論／プロジェクトマネジメントの工程／建設プロジェクトにおけるマネジメントシステム／契約入札制度／新たな調達制度の展開）

定価は本体価格+税です。

定価は変更されることがありますのでご了承下さい。

図書目録進呈◆